Jairo Arturo Ayala Godoy
Eugenio Guerrero Ruiz

Matemáticas Discretas

Jairo Arturo Ayala Godoy
Eugenio Guerrero Ruiz

Matemáticas Discretas

Notas de clase

Editorial Académica Española

Publisher:
Editorial Académica Española
is a trademark of
International Book Market Service Ltd., member of OmniScriptum Publishing
Group
17 Meldrum Street, Beau Bassin 71504, Mauritius
Printed at: see last page
ISBN: 978-620-3-03352-6

Matemáticas Discretas

Jairo A. Ayala Godoy

Eugenio Guerrero Ruiz

2021

Índice

Índice de figuras

Índice de tablas

Capítulo 1

Lógica y demostraciones

En este capítulo centraremos las bases de la lógica proposicional, basada en el planteamiento clásico de la lógica bivalente (aquella que solo admite dos valores de verdad). Para ello, veremos el significado de una proposición y cómo podemos construir nuevas proposiciones mediante el uso de los conectores lógicos y el uso de cuantificadores. Finalizaremos el capítulo dando algunas técnicas de demostración, entre las cuales se destacan la inducción matemática, ampliamente utilizada para demostrar afirmaciones sobre el conjunto de los números naturales. Entre otras técnicas veremos las demostraciones directas, las indirectas, el método de la contradicción y el empleo de contraejemplos.

1.1. Proposiciones y operaciones lógicas

Una **proposición** es una afirmación que puede ser verdadera (V) o falsa (F), pero no ambos simultáneamente.

Por ejemplo, las siguientes afirmaciones son proposiciones:

- Los números de celular en México tienen 10 dígitos.

- Existe un número de celular en México que no tiene 10 dígitos.

- Hoy llueve o no llueve.

- Todo numero natural o bien es par, o bien es impar.

- Todo número número natural es entero y racional.

- Una buena rutina de ejercicio debe incluir tanto fuerza como resistencia.

- Si tengo calor, entonces no me pongo chamarra.

- No tengo calor o no me pongo la chamarra.

- Tengo calor y me pongo chamarra.

- Si no tengo calor, entonces no me pongo chamarra.

- Si me pongo chamarra, entonces no tengo calor.

- Si me pongo chamarra, entonces tengo frío.

- Decidiré hacer la tarea siempre que logre concentrarme.

- Para cada par de números reales x y y tales que $x < y$, existe un número racional q tal que $x < q < y$.

- 144 es un cuadrado perfecto.

- Todo número par mayor que 2 puede expresarse como la suma de dos números primos.

- Para cada número real positivo x existe un número natural n tal que $n > x$.

- Existe un número real positivo x tal que para todo número natural n se cumple que $n \leq x$.

- Para todo número natural n se tiene que $1 + 2 + \cdots + n = \frac{n(n+1)}{2}$.

1.1.1. Notación, clasificación y operaciones básicas

Es usual denotar a una proposición por medio de letras minúsculas tales como p, q, etc. Si la proposición depende de alguna condición que posee una variable x, se suele denotar $p(x)$. Por ejemplo: $p(x)$: x es un número primo, entonces $p(2)$ es verdadera mientras que $p(6)$ es falsa.

Generalmente las proposiciones se clasifican como **atómicas** o como **compuestas**: las atómicas corresponde a aquellas proposiciones cuya formulación no se puede plantear en términos de proposiciones más simples, mientras que las compuestas son aquellas que se obtienen mediante la concatenación con uno o más conectores lógicos (la negación "no", la conjunción "y", la disyunción "o", el condicional "si ... entonces", el bicondicional "si y solamente si" o "equivalentemente", entre otros), de varias proposiciones atómicas. Por ejemplo, la proposición q : Cancún es una ciudad de Quintana Roo, es atómica, mientras que la proposición r : Cancún es una ciudad costera de Quintana Roo es compuesta, ya que se puede ver como la concatenación de las proposiciones p : Cancún es una ciudad costera, y q : Cancún es una ciudad de Quintana Roo.

1.1.2. Tablas de verdad

Usualmente, para analizar la veracidad de una proposición compuesta, se recurre al uso de las tablas de verdad. Las siguientes son las tablas de verdad para varios conectores lógicos:

Negación ($\neg$)

p	$\neg p$
V	F
F	V

Conjunción ($\wedge$)

p	q	$p \wedge q$
V	V	V
V	F	F
F	V	F
F	F	F

$$\textbf{Disyunción } (\vee) \qquad \textbf{Condicional } (\rightarrow)$$

p	q	$p \vee q$
V	V	V
V	F	V
F	V	V
F	F	F

p	q	$p \rightarrow q$
V	V	V
V	F	F
F	V	V
F	F	V

Cuadro 1.1: Tablas de verdad de algunos conectores lógicos.

Para una proposición condicional $p \rightarrow q$, se dice que p es condición suficiente para q, es decir para la realización de q basta con que se de p. También se dice que q es condición necesaria para p, es decir, la realización de p da como consecuencia, que necesariamente debe darse q.

Ejercicio 1.1.1. Obtén la tabla de verdad del bicondicional, denotado por $p \leftrightarrow q$ y definido por $(p \rightarrow q) \wedge (q \rightarrow p)$.

Ejercicio 1.1.2. Obtén la tabla de verdad de la disyunción exclusiva, denotada por $p\underline{\vee}q$ y definida como verdadera solamente en el caso que alguna, pero no ambas, de las proposiciones p o q es verdadera.

Ejercicio 1.1.3. Considera las siguientes proposiciones:

p: Escuchaste el concierto de rock.

q: Escuchaste el concierto de salsa.

r: Tienes los tímpanos inflamados.

Representa simbólicamente las siguientes proposiciones.

- Escuchaste el concierto de rock y tienes los tímpanos inflamados.

- Escuchaste el concierto de rock, pero no tienes los tímpanos inflamados.

- Escuchaste el concierto de rock, oíste el concierto de salsa y tienes los tímpanos inflamados.

- Escuchaste el concierto de rock o el concierto de salsa, pero no tienes los tímpanos inflamados.

- No escuchaste el concierto de rock y no oíste el concierto de salsa, pero tienes los tímpanos inflamados.

- No ocurre que: escuchaste el concierto de rock o bien escuchaste el concierto de salsa o no tienes los tímpanos inflamados.

- Si escuchaste el concieto de rock, entonces no escuchaste el concierto de salsa.

- Si tienes los tímpanos inflamados, entonces eschaste el concierto de rock o escuchaste el concierto de salsa.

- No es posible que: escuchaste el concierto de rock y no tienes los tímpanos inflamados.

- Escuchaste el concierto de salsa siempre que escuchaste el concierto de rock.

Ejemplo 1.1.4. Escribe en forma condicional las siguientes proposiciones:

a) Isabel será una buena estudiante si estudia mucho.

b) Ricardo toma cálculo sólo si está en 2°, 3° o 4° año de universidad.

c) Cuando cantas, me duelen los oídos.

d) Una condición necesaria para que el Toluca gane la liguilla es que contraten a un director técnico colombiano.

e) Una condición suficiente para que Verónica visite Italia es ir a la Torre inclinada de Pisa.

Solución.

a) Si Isabel etudia mucho, entonces será una buena estudiante.

b) Si Ricardo está en 2º, 3º o 4º año de universidad, entonces toma cálculo.

c) Si cantas, entonces me duelen los oídos.

d) Si el Toluca gana la liguilla, entonces contrataron a un director técnico colombiano.

e) Si Verónica va a la Torre inclinada de Pisa, entonces visita Italia.

$\square$

1.1.3. Proposiciones equivalentes

Supón que las proposiciones P y Q están formadas, respectivamente, por las proposiciones $p_1, \ldots, p_n$ y $q_1, \ldots, p_m$. Se dice que P y Q son lógicamente equivalentes, y se escribe $P \equiv Q$, siempre que, a partir de cualesquiera valores de verdad de $p_1, \ldots, p_n$ y $q_1, \ldots, p_m$, o bien P y Q son ambas verdaderas o P y Q son ambas falsas. Por ejemplo, analizando las tablas de verdad de las proposiciones $p \to q$ y $\neg p \vee q$, vemos que $p \to q \equiv \neg p \vee q$. En efecto:

p	q	$\neg p$	$p \to q$	$\neg p \vee q$
V	V	F	V	V
V	F	F	F	F
F	V	V	V	V
F	F	V	V	V

lo cual demuestra que $p \to q \equiv \neg p \vee q$.

A una proposición cuyo valor de verdad siempre es verdadero se le llama tautología. Así que decir $p \equiv q$ es lo mismo que decir que $p \leftrightarrow q$ es una tautología.

Ejercicio 1.1.5. a) Demuestra que $p \to q \equiv \neg q \to \neg p$ (en otras palabras, $(p \to q) \leftrightarrow (\neg q \to \neg p)$ es una tautología).

10

b) Demuestra las leyes de De Morgan: $\neg(p \vee q) \equiv \neg p \wedge \neg q$ y $\neg(p \wedge q) \equiv \neg p \vee \neg q$ (en otras palabras, $[\neg(p \vee q)] \leftrightarrow (\neg p \wedge \neg q)$ es una tautología y $[\neg(p \wedge q)] \leftrightarrow (\neg p \vee \neg q)$ es una tautología).

c) Demuestra que $p \underline{\vee} q \equiv (p \wedge \neg q) \vee (q \wedge \neg p)$.

d) Demuestra que $[\neg(\neg p)] \equiv p$ (en otras palabras, $[\neg(\neg p)] \leftrightarrow p$ es una tautología).

1.1.4. Ejercicios

1. Determina el valor de verdad de las siguientes proposiciones para las cuales p es falsa, q es verdadera y r es falsa.

   a) $p \vee q$

   b) $\neg p \vee \neg q$

   c) $\neg p \vee q$

   d) $\neg p \vee \neg(q \wedge r)$

   e) $\neg(p \vee q) \wedge (\neg p \vee r)$

   f) $(p \vee \neg r) \wedge \neg((q \vee r) \vee \neg(r \vee p))$

   g) $(p \vee q) \wedge ((\neg p \leftrightarrow q) \rightarrow ((p \vee \neg q) \wedge (\neg p \vee \neg q)))$

2. Representa simbólicamente las siguientes prop0siciones, sabiendo que

$$p : \text{hay huracán}$$

$$q : \text{hay huracán}.$$

   a) No hay huracán.

   b) Hay huracán y está lloviendo.

   c) Hay huracán pero no está lloviendo.

   d) No hay huracán y no está lloviendo.

e) Hay huracán o está lloviendo, pero no llueve ni hay huracán simultáneamente.

f) Hay huracán o está lloviendo, pero no hay huracán.

g) Cuando hay huracán estás lloviendo.

h) Hay huracán siempre que está lloviendo.

i) Es suficiente con que no haya lluvia para decir que no hay huracán.

j) Una condición suficiente y necesaria para que no haya huracán es que no llueva.

k) Una condición necesaria para que no haya huracán es que no llueva.

3. En cada inciso determina si el par de proposiciones dadas son o no equivalentes.

a) $P = p, Q = p \vee q$

b) $P = p \wedge q, Q = \neg p \vee \neg q$

c) $P = p \rightarrow q, Q = \neg p \vee q$

d) $P = p \wedge (\neg q \vee r), Q = p \vee (q \wedge \neg r)$

e) $P = p \wedge (q \vee r), Q = (p \vee q) \wedge (p \vee r)$

f) $P = p \rightarrow q, Q = \neg q \rightarrow \neg p$

g) $P = p \rightarrow q, Q = p \leftrightarrow q$

h) $P = (p \rightarrow q) \wedge (q \rightarrow r), Q = p \rightarrow r$

i) $P = (p \rightarrow q) \rightarrow r, Q = p \rightarrow (q \rightarrow r)$

j) $P = (s \rightarrow (p \wedge \neg r)) \wedge ((p \rightarrow (r \vee q)) \wedge s), Q = p \vee t$

1.2. Cuantificadores

Sea $P(x)$ una oración que incluye la variable x y sea D un conjunto. P se llama función proposicional respecto a D si para cada x en D, $P(x)$ es una proposición. D es el dominio P. Veamos algunos ejemplos:

1. $P(n)$: n es un entero impar, con D el conjunto de los números enteros positivos.

2. $Q(n)$: $n^2 + 2n$ es un entero impar, donde D es el conjunto de los números enteros positivos.

3. $R(x)$: $x^2 - x - 6 = 0$, donde D es el conjunto de los números reales.

4. $P(x)$: $x^2 + x + 1 = 0$, donde D es el conjunto de los números reales.

El cuantificador universal

Definición 1.2.1. Sea P una función proposicional con dominio D. Se dice que la afirmación para todo x, $P(x)$ es una afirmación **cuantificada universalmente**. El símbolo $\forall$ significa **"para todo"**, **"para cada"**, **"para cualquier"**. La afirmación para todo x, $P(x)$ se escribe como $\forall x, P(x)$. El símbolo $\forall$ se llama **cuantificador universal**. La afirmación $\forall x, P(x)$ es verdadera si $P(x)$ es verdadera para todo x en D. La afirmación $\forall x, P(x)$ es falsa si $P(x)$ es falsa para al menos un x en D.

Muchas veces escribiremos $\forall x \in D, P(x)$ (para todo x en D se cumple $P(x)$ o simplemente, para todo x en D, $P(x)$) para enfatizar el dominio D de P. Algunos de los dominios más comunes son los siguientes: $\mathbb{N}$ el conjunto de los números naturales; $\mathbb{Z}$ el conjunto de los números enteros; $\mathbb{Q}$ el conjunto de los números racionales; $\mathbb{I}$ el conjunto de los números irracionales; $\mathbb{R}$ el conjunto de los números reales y $\mathbb{C}$ el conjunto de los números complejos. Veamos algunos ejemplos.

1. $\forall x \in \mathbb{R}, x^2 \geq 0$. Esta afirmación es verdadera.

2. $\forall n \in \mathbb{N}, n$ es primo o n es compuesto. Esta afirmación es verdadera.

3. $\forall x \in \mathbb{R}$, si $x > 0$ entonces $x + 1 > 1$. Esta afirmación es verdadera.

4. $\forall z \in \mathbb{C}, z\overline{z} = |z|^2$. Esta afirmación es verdadera.

5. $\forall z \in \mathbb{C}, z + \overline{z}$ el el doble de la parte real de z. Esta afirmación es verdadera.

6. $\forall x \in \mathbb{R}$, si $x < -1$ o $x > 1$ entonces $1 - x^2 > 0$. Esta afirmación es falsa.

7. $\forall x \in \mathbb{R}$, si $-1 < x < 1$ entonces $1 - x^2 > 0$. Esta afirmación es verdadera.

8. $\forall n \in \mathbb{N}, 2^{2^n} - 1$ es primo. Esta afirmación es falsa.

El cuantificador existencial

Definición 1.2.2. Sea P una función proposicional con dominio D. Se dice que la afirmación existe x, $P(x)$ es una afirmación **cuantificada existencialmente**. El símbolo $\exists$ significa "existe", "**existe al menos un**", "**para algún**". La afirmación existe x, $P(x)$ se escribe como $\exists x, P(x)$. El símbolo $\exists$ se llama **cuantificador existencial**. La afirmación $\exists x, P(x)$ es verdadera si $P(x)$ es verdadera para algún x en D. La afirmación $\exists x, P(x)$ es falsa si $P(x)$ es falsa para todo x en D.

Muchas veces escribiremos $\exists x \in D, P(x)$ (y se lee existe x en D tal que $P(x)$, o para algún x en D, $P(x)$, o existe un x en D para el cual $P(x)$) para enfatizar el dominio D de P. Veamos algunos ejemplos.

1. $\exists x \in \mathbb{R}, \dfrac{x}{x^2 + 1} = \dfrac{2}{5}$. Esta afirmación es verdadera.

2. $\exists x \in \mathbb{R}, \dfrac{1}{x^2 + 1} > 1$. Esta afirmación es falsa.

3. $\exists m \in \mathbb{N}$ tal que m es divisible entre $2, 3, 5, 7$ pero no es divisible entre 4. Esta afirmación es verdadera. ¿Cuántos números satisfacen esta afirmación?

4. $\exists q \in \mathbb{Q}$ para el cual $q + \pi$ es racional. Esta afirmación es falsa.

El siguiente teorema establece que la negación de una afirmación cuantificada universalmente es la negación de la afirmación cuantificada existencialmente, y viceversa. El resultado de dicho teorema tiene el nombre de Leyes generalizadas de De Morgan.

Teorema 1.2.3. *Sea $P(x)$ una función proposicional con dominio D. Entonces:*

a) $\neg(\forall x \in D, P(x)) \equiv \exists x \in D, \neg P(x)$.

b) $\neg(\exists x \in D, P(x)) \equiv \forall x \in D, \neg P(x)$.

Demostración. Demostraremos a) y b) se deja como ejercicio.

Para demostrar la equivalencia de las afirmaciones, basta ver que ambas tienen la misma tabla de verdad. Supón que la proposición $\neg(\forall x \in D, P(x))$ es verdadera, lo cual es equivalente a que la proposición $\forall x \in D, P(x)$ es falsa. Por la Definición 1.2.1, la proposición $\forall x \in D, P(x)$ es falsa cuando $P(x)$ es falsa para al menos un $x \in D$, lo cual equivale a que para al menos un $x \in D$, $\neg P(x)$ es verdadera. Por la Definición 1.2.2, cuando $\neg P(x)$ es verdadera para al menos un $x \in D$, la proposición $\exists x, \neg P(x)$ es verdadera. De esta forma, que la proposición $\neg(\forall x \in D, P(x))$ sea verdadera equivale a que la proposición $\exists x, \neg P(x)$ es verdadera. De manera similar se demuestra que la proposición $\neg(\forall x, P(x))$ es falsa equivale a que la proposición $\exists x \in D, \neg P(x)$ es falsa. Por lo tanto, el par de proposiciones del inciso 1. siempre tienen los mismos valores de verdad. $\qquad\square$

Ejemplo 1.2.4. Demuestra que la afirmación: existe un número real x tal que $\dfrac{1}{x^2+1} > 1$ es falsa.

Solución. Por la ley a) del Teorema 1.2.3 basta ver que la negación de la afirmación enunciada es verdadera, es decir, basta ver que para todo $x \in \mathbb{R}$, $\dfrac{1}{x^2+1} \leq 1$ es una afirmación verdadera. Para ello, consideremos $x \in \mathbb{R}$; entonces $x^2 \geq 0$, por lo que $x^2 + 1 \geq 1$, y así, dado que el miembro izquierdo de dicha desigualdad es positivo, entonces multiplicando por el inverso multiplicativo de $x^2 + 1$ a ambos miembros de la desigualdad, obtenemos que $1 \geq \dfrac{1}{x^2+1}$, como se quería demostrar. $\qquad\square$

Ejemplo 1.2.5. Escribe en forma simbólica la afirmación: todo amante del rock ama a Metallica. Escribe su negación en forma simbólica y en palabras.

Solución. Hay por lo menos dos formas de escribir esta afirmación, las cuales evidentemente, son equivalentes: primero, considera a D como el conjunto de todo los amantes del rock y $P(x) : x$ ama a Metallica. Entonces la afirmación puede escribirse como: $\forall x \in D, P(x)$. La segunda forma consiste en decir que el dominio es E definido como el conjunto de todos las personas, $P(x) : x$ es amante del rock y $Q(x) : x$ ama a Metallica. Entonces la afirmación puede escribirse como: $\forall x \in E, (P(x) \rightarrow Q(x))$. En la primera forma, la negación es $\exists x \in D, \neg P(x)$, la cual se lee como: existe un amante del rock que no ama a Metallica; mientras que en la segunda forma, la negación es $\exists x \in E(P(x) \wedge \neg Q(x))$, la cual se lee como: existe una persona que es amante del rock pero no de Metallica. $\qquad\square$

Ejemplo 1.2.6. Escribe en forma simbólica las siguientes afirmaciones:

a) No todo lo que brilla es oro.

b) Nadie es perfecto.

Solución.

a) La frase debe interpretarse como: existen cosas que brillan que no son oro (la interpretación: todo lo que brilla no es oro no es correcta, ya que el la negación opera sobre la afirmación "todo lo que brilla es oro"). En efecto, sea D el conjunto de las cosas, $P(x)$: x brilla y $Q(x)$: x es oro. Así, la afirmación es: $\neg(\forall x \in D, (P(x) \rightarrow Q(x))) \equiv \exists x \in D, (P(x) \wedge \neg Q(x))$.

b) Sea D el dominio formado por todas las personas y $P(x)$: x es perfecto. Por lo tanto la afirmación puede escribirse como: $\forall x \in D, \neg P(x)$.

$\square$

1.2.1. Cuantificadores anidados

Considera la afirmación: la suma de cualesquiera dos números reales positivos es positiva. Observa que se trata de dos números, por lo que se necesitan dos variables, digamos x y y. La aseveración se puede restablecer como: Si $x > 0$ y $y > 0$, entonces $x + y > 0$. La afirmación dice que la suma de cualesquiera dos números reales positivos es positiva, de manera que se necesitan dos cuantificadores universales. Así, la afirmación se escribe simbólicamente, considerando $D = \mathbb{R}$, como

$$\forall x \in \mathbb{R}, \forall y \in \mathbb{R}, ((x > 0) \wedge (y > 0) \rightarrow (x + y > 0)).$$

En palabras, para cada x y para cada y, si $x > 0$ y $y > 0$, entonces $x + y > 0$. Se dice que los cuantificadores múltiples como $\forall x \forall y$ son cuantificadores anidados. Observa que los dominios de cada cuantificador pueden ser diferentes.

Ejemplo 1.2.7. Plantea simbólicamente la afirmación: para cada número real x existe un número natural n tal que $n > x$.

Solución. La afirmación puede escribirse como: $\forall x \in \mathbb{R}, \exists n \in \mathbb{N}, n > x$. $\qquad\square$

Ejemplo 1.2.8. Escribe simbólicamente las siguientes afirmaciones:

a) Todos aman a alguien.

b) Nadie me quiere, todos me odian.

Solución.

a) Sea $P(x, y) : x$ ama a y, donde el dominio represente a todas las personas. Entonces la afirmación puede escribirse como: $\forall x \in D, \exists y \in D, P(x, y)$. Observa que el orden de los cuantificadores es importante. En este caso una interpretación que no es correcta es: $\exists y \in D, \forall x \in D, P(x, y)$ la cual se interpreta como existe alguien a quien todo el mundo ama.

b) Considera como dominio a todas las personas, $P(x) : x$ me quiere y $Q(y) : y$ me odia. Entonces la afirmación puede escribirse como: $\forall x \in D, \forall y \in D, \neg P(x) \wedge Q(y)$. ¿Dicha afirmación es lógicamente equivalente a $\forall y \in D, \forall x \in D, \neg P(x) \wedge Q(y)$?

$\qquad\square$

Ejercicio 1.2.9. a) Demuestra que $\neg(\forall x, \exists y, P(x, y)) \equiv \exists x, \forall y, \neg P(x, y)$.

b) Demuestra o refuta la afirmación: $\forall x \in \mathbb{R}, \forall y \in \mathbb{R}((x < y) \to (x^2 < y^2))$.

1.2.2. Ejercicios

1. Determina el valor de verdad de cada una de las siguientes proposiciones. El dominio es el conjunto de los números reales.

       a) $\forall x \forall y ((x < y) \to (x^2 < y^2))$ *c)* $\exists x \forall y ((x < y) \to (x^2 > y^2))$

       b) $\forall x \exists y ((x > y) \to (x^2 < y^2))$ *d)* $\exists x \exists y ((x > y) \to (x^2 < y^2))$

2. Sea $P(x, y)$ la función proposicional $x \geq y$. El dominio es el conjunto de los enteros positivos. Determina el valor de verdad de cada una de las siguientes proposiciones.

$a)$ $\forall x \forall y P(x, y)$ $c)$ $\exists x \forall y P(x, y)$

$b)$ $\forall x \exists y P(x, y)$ $d)$ $\exists x \exists y P(x, y)$

3. Sea $P(x)$ la afirmación "x es un contador" y sea $Q(x)$ la afirmación "x tiene un Porsche". El dominio es el conjunto de todas las personas. Encuentra para cada afirmación su equivalente en símbolos.

   $a)$ Todos los contadores tienen un Porsche.

   $b)$ Algunos contadores tienen un Porsche.

   $c)$ Todos los dueños de Porsches son contadores.

   $d)$ Alguien que tiene un Porsche es contador.

4. Determina el valor de verdad de cada afirmación. El domino es el conjunto de los números reales.

   $a)$ $\forall x(x^2 > x)$ $d)$ $\exists x(x > 1 \rightarrow x^2 < x)$

   $b)$ $\exists x(x^2 < x)$ $e)$ $\forall x(x > 1 \rightarrow \frac{x}{x^2+1} < \frac{1}{3})$

   $c)$ $\forall x(x > 1 \rightarrow x^2 > x)$ $f)$ $\exists x(x > 1 \rightarrow \frac{x}{x^2+1} < \frac{1}{3})$

5. Sea $P(x)$ la afirmación "x está en un curso de matemáticas". El dominio es el conjunto de todos los estudiantes. Encuentra para cada afirmación su equivalente en símbolos.

   $a)$ Todos los estudiantes están en el curso de matemáticas.

   $b)$ En el curso de matemáticas hay un estudiante.

   $c)$ No hay estudiantes en el curso de matemáticas.

   $d)$ No todos los estudiantes están en el curso de matemáticas.

6. Sea $P(n)$ la función proposicional "n divide a 77", donde el dominio es el conjunto de los enteros positivos. Determina el valor de verdad de: $P(11)$, $P(1)$, $P(3)$, $\exists n P(n)$ y $\forall n P(n)$.

1.3. Métodos de demostración

En esta sección presentamos algunas técnicas de demostración usadas en matemáticas, y que en particular, serán de gran utilidad para justificar varios resultados de las matemáticas discretas. En general, partiremos de axiomas, definiciones o términos no definidos, los cuales han sido vistos tanto en el curso Propedéutico y el curso de Cálculo diferencial. Siempre supondremos que los axiomas son verdaderos, y a partir de las definiciones o términos no definidos, es posible demostrar nuevas afirmaciones, las cuales reciben el nombre de teoremas. Junto con los nuevos teoremas, es posible demostrar nuevos afirmaciones. Los lemas son resultados de interés para demostrar un teorema cuya consecuencia necesita ser resaltada. Por otro lado, los corolarios son generalmente consecuencias de los lemas o teoremas que no requieren de grandes argumentos para su demostración, y generalmente se obtienen como consecuencia de los teoremas o lemas.

Los métodos que veremos son los siguientes:

1. Inducción matemática

2. Demostración directa

3. Demostración indirecta (por contrarrecíproca)

4. Contradicción

5. Contraejemplo

1.3.1. Inducción matemática

Supón que una secuencia de bloques numerados 1, 2, ... están en una mesa infinitamente larga y que algunos bloques están marcados con una "X". Supón que:

- El primer bloque está marcado. $\hspace{2cm}$ (1.3.1)

- Para todo n, si el bloque n está marcado, entonces el bloque $n+1$

  también está marcado. $\hspace{2cm}$ (1.3.2)

Se examinan los bloques uno por uno. La afirmación (1.3.1) establece, de modo explícito, que el bloque 1 está marcado. Considera el bloque 2. Como el bloque 1 está marcado, por (1.3.2) (con $n = 1$), el bloque 2 también está marcado. Considera el bloque 3. Como el bloque 2 está marcado, por (1.3.2) (con $n = 2$), el bloque 3 también está marcado. Continuando de esta manera, se demuestra que todo bloque está marcado. Por ejemplo, supón que se ha verificado que los bloques 1 al 5 están marcados. Para probar que el bloque 6 está marcado, se observa que como el bloque 5 está marcado, por (1.3.2) (con $n = 5$), el bloque 6 también está marcado.

El ejemplo anterior ilustra el principio de inducción matemática, el cual enunciaremos sin demostración.

Teorema 1.3.1 (Principio de inducción matemática). *Sea $P(n)$ una función proposicional sobre el dominio $D = \mathbb{N}$. Si se cumplen las condiciones:*

1. *$P(1)$ es verdadera,*

2. *para cada $n \geq 1$, si $P(n)$ es verdadera (hipótesis de inducción) implica que $P(n+1)$ es verdadera,*

entonces $P(n)$ es verdadera para todo número natural n.

Observa que el Principio de inducción matemática puede ser formulado en símbolos como:

$$\forall P, (P(1) \wedge (\forall n \in \mathbb{N}, P(n) \rightarrow P(n + 1)) \rightarrow (\forall n \in \mathbb{N}, P(n))),$$

donde P es cualquier proposición sobre el dominio de los números naturales.

Ejemplo 1.3.2. Demuestra que para todo $n \in \mathbb{N}$,

$$\sum_{i=1}^{n} i = \frac{n(n + 1)}{2}.$$

Solución. Consideramos $P(n) : \sum_{i=1}^{n} i = \dfrac{n(n + 1)}{2}$, para $n \in \mathbb{N}$. Empezamos verificando que $P(1)$ es verdadera. En este caso $\sum_{i=1}^{1} i = 1$ y por otro lado $\dfrac{1(1 + 1)}{2} = 1$, de donde se concluye que $\sum_{i=1}^{1} i = \dfrac{1(1+1)}{2}$, concluyendo que $P(1)$ es verdadera.

Por hipótesis de inducción, supongamos ahora que $P(n)$ es verdadera y veamos que $P(n+1)$ es verdadera. En otras palabras, supongamos que $\sum_{i=1}^{n} i = \dfrac{n(n+1)}{2}$ es verdadera. Entonces

$$\sum_{i=1}^{n+1} i = \left(\sum_{i=1}^{n} i \right) + (n+1) \quad \text{(por propiedad asociativa de la suma)}$$

$$= \frac{n(n+1)}{2} + (n+1) \quad \text{(por hipótesis de inducción)}$$

$$= \frac{n^2 + n + 2n + 2}{2} = \frac{n^2 + 3n + 2}{2} = \frac{(n+1)(n+2)}{2}$$

$$= \frac{(n+1)((n+1)+1)}{2},$$

es decir, $P(n+1)$ es verdadera. Por el principio de inducción matemática se tiene que $P(n)$ es verdadera, para todo $n \in \mathbb{N}$. $\qquad\qquad\square$

Ejemplo 1.3.3. Demuestra que para todo $r \in \mathbb{R}$, $r \neq 1$,

$$\sum_{i=0}^{n} r^i = \frac{1 - r^{n+1}}{1 - r}.$$

Solución. Sea $r \neq 1$ un número real. Consideramos $P(n): \sum_{i=0}^{n} r^i = \frac{1-r^{n+1}}{1-r}$, para $n \in \mathbb{N}$. Empezamos verificando que $P(1)$ es verdadera. En este caso $\sum_{i=0}^{1} r^i = 1 + r$ y por otro lado $\frac{1-r^{1+1}}{1-r} = \frac{(1-r)(1+r)}{1-r} = 1 + r$, de donde se concluye que $\sum_{i=0}^{1} r^i = \frac{1-r^2}{1-r}$, concluyendo que $P(1)$ es verdadera.

Por hipótesis de inducción, supongamos ahora que $P(n)$ es verdadera, y veamos que $P(n+1)$ es verdadera. Entonces

$$\sum_{i=0}^{n+1} r^i = \left(\sum_{i=0}^{n} r^i \right) + r^{n+1} \quad \text{(por propiedad asociativa de la suma)}$$

$$= \frac{1 - r^{n+1}}{1 - r} + r^{n+1} \quad \text{(por hipótesis de inducción)}$$

$$= \frac{1 - r^{n+1} + r^{n+1} - r^{(n+1)+1}}{1 - r} = \frac{1 - r^{(n+1)+1}}{1 - r},$$

es decir, $P(n+1)$ es verdadera. Por el principio de inducción matemática se tiene que $P(n)$ es verdadera, para todo $n \in \mathbb{N}$. $\qquad\qquad\square$

Observa que en el ejemplo anterior, la afirmación demostrada se puede "extender" incluso para el caso $r = 1$. Para ello basta ver que

$$\lim_{r \to 1} \frac{1 - r^{n+1}}{1 - r} = n + 1,$$

lo que coincide con $\sum_{i=0}^{n} 1 = n + 1$.

Ejemplo 1.3.4. Demuestra que para todo $h > -1$, $(1 + h)^n \geq 1 + nh$.

Solución El caso $n = 1$ es claramente cierto. Supongamos por hipótesis de inducción que $(1 + h)^n \geq 1 + nh$, y veamos que esto implica la veracidad de $(1 + h)^{n+1} \geq 1 + (n + 1)h$. En efecto:

$$(1 + h)^{n+1} = (1 + h)^n(1 + h)$$

$$\geq (1 + nh)(1 + h) \quad \text{(por hipótesis de inducción)}$$

$$= 1 + nh + h + nh^2 = 1 + (n + 1)h + nh^2$$

$$\geq 1 + (n + 1)h,$$

donde hemos usado el hecho que $nh^2 \geq 0$ para obtener la última desigualdad. Por el Principio de inducción matemática, la afirmación queda demostrada. $\qquad \square$

Ejemplo 1.3.5. Demuestra que

$$\sum_{i=1}^{n} \cos(ix) = \frac{\cos\left[\frac{(n+1)x}{2}\right]\sin\left(\frac{nx}{2}\right)}{\sin\left(\frac{x}{2}\right)},$$

para todo $x \in \mathbb{R}$ tal que $\sin\left(\frac{x}{2}\right) \neq 0$.

Solución. Sea $x \in \mathbb{R}$ tal que $\sin\left(\frac{x}{2}\right) \neq 0$. El caso $n = 1$ no tiene dificultad en ser verificado. Por hipótesis de inducción, supongamos válido que

$$\sum_{i=1}^{n} \cos(ix) = \frac{\cos\left[\frac{(n+1)x}{2}\right]\sin\left(\frac{nx}{2}\right)}{\sin\left(\frac{x}{2}\right)}.$$

Entonces

$$\sum_{i=1}^{n+1} \cos(ix) = \left(\sum_{i=1}^{n} \cos(ix)\right) + \cos[(n+1)x]$$

$$= \frac{\cos\left[\frac{(n+1)x}{2}\right]\sin\left(\frac{nx}{2}\right)}{\sin\left(\frac{x}{2}\right)} + \cos[(n+1)x] \quad \text{(por hipótesis de inducción)}$$

$$= \frac{\cos\left[\frac{(n+1)x}{2}\right]\sin\left(\frac{nx}{2}\right) + \sin\left(\frac{x}{2}\right)\cos(nx + x)}{\sin\left(\frac{x}{2}\right)} \tag{1.3.3}$$

Manipulemos solamente el numerador por simplicidad de las expresiones:

$$\cos\left[\frac{(n+1)x}{2}\right]\sin\left(\frac{nx}{2}\right) + \sin\left(\frac{x}{2}\right)\cos\left(nx + \frac{x}{2} + \frac{x}{2}\right)$$

$$= \cos\left[\frac{(n+1)x}{2}\right]\sin\left(\frac{nx}{2}\right)$$

$$+ \sin\left(\frac{x}{2}\right)\left[\cos\left(nx + \frac{x}{2}\right)\cos\left(\frac{x}{2}\right) - \sin\left(nx + \frac{x}{2}\right)\sin\left(\frac{x}{2}\right)\right] \tag{1.3.4}$$

$$= \cos\left[\frac{(n+1)x}{2}\right]\sin\left(\frac{nx}{2}\right) + \sin\left(\frac{x}{2}\right)\cos\left(\frac{x}{2}\right)\cos\left(nx + \frac{x}{2}\right) - \sin^2\left(\frac{x}{2}\right)\sin\left(nx + \frac{x}{2}\right)$$

$$= \cos\left[\frac{(n+1)x}{2}\right]\sin\left(\frac{nx}{2}\right) + \sin\left(\frac{x}{2}\right)\cos\left(\frac{x}{2}\right)\cos\left(\frac{nx}{2} + \frac{nx}{2} + \frac{x}{2}\right)$$

$$- \sin^2\left(\frac{x}{2}\right)\sin\left(\frac{nx}{2} + \frac{nx}{2} + \frac{x}{2}\right)$$

$$= \cos\left[\frac{(n+1)x}{2}\right]\sin\left(\frac{nx}{2}\right)$$

$$+ \sin\left(\frac{x}{2}\right)\cos\left(\frac{x}{2}\right)\left[\cos\left(\frac{nx}{2}\right)\cos\left[\frac{(n+1)x}{2}\right] - \sin\left(\frac{nx}{2}\right)\sin\left[\frac{(n+1)x}{2}\right]\right]$$

$$- \sin^2\left(\frac{x}{2}\right)\left[\sin\left(\frac{nx}{2}\right)\cos\left[\frac{(n+1)x}{2}\right] + \cos\left(\frac{nx}{2}\right)\sin\left[\frac{(n+1)x}{2}\right]\right] \tag{1.3.5}$$

$$= \cos\left[\frac{(n+1)x}{2}\right]\sin\left(\frac{nx}{2}\right)\left[1 - \sin^2\left(\frac{x}{2}\right)\right] + \sin\left(\frac{x}{2}\right)\cos\left(\frac{x}{2}\right)\cos\left(\frac{nx}{2}\right)\cos\left[\frac{(n+1)x}{2}\right]$$

$$- \sin\left(\frac{x}{2}\right)\cos\left(\frac{x}{2}\right)\sin\left(\frac{nx}{2}\right)\sin\left[\frac{(n+1)x}{2}\right] - \sin^2\left(\frac{x}{2}\right)\cos\left(\frac{nx}{2}\right)\sin\left[\frac{(n+1)x}{2}\right]$$

$$= \cos\left[\frac{(n+1)x}{2}\right]\sin\left(\frac{nx}{2}\right)\cos^2\left(\frac{x}{2}\right) + \sin\left(\frac{x}{2}\right)\cos\left(\frac{x}{2}\right)\cos\left(\frac{nx}{2}\right)\cos\left[\frac{(n+1)x}{2}\right] \tag{1.3.6}$$

$$- \sin\left(\frac{x}{2}\right)\cos\left(\frac{x}{2}\right)\sin\left(\frac{nx}{2}\right)\sin\left[\frac{(n+1)x}{2}\right] - \sin^2\left(\frac{x}{2}\right)\cos\left(\frac{nx}{2}\right)\sin\left[\frac{(n+1)x}{2}\right]$$

$$= \cos\left[\frac{(n+1)x}{2}\right]\cos\left(\frac{x}{2}\right)\left[\sin\left(\frac{nx}{2}\right)\cos\left(\frac{x}{2}\right) + \cos\left(\frac{nx}{2}\right)\sin\left(\frac{x}{2}\right)\right]$$

$$- \sin\left(\frac{x}{2}\right)\sin\left[\frac{(n+1)x}{2}\right]\left[\sin\left(\frac{nx}{2}\right)\cos\left(\frac{x}{2}\right) + \cos\left(\frac{nx}{2}\right)\sin\left(\frac{x}{2}\right)\right]$$

$$= \left[\cos\left[\frac{(n+1)x}{2}\right]\cos\left(\frac{x}{2}\right) - \sin\left(\frac{x}{2}\right)\sin\left[\frac{(n+1)x}{2}\right]\right] \times$$

$$\left[\sin\left(\frac{nx}{2}\right)\cos\left(\frac{x}{2}\right) + \cos\left(\frac{nx}{2}\right)\sin\left(\frac{x}{2}\right)\right]$$

$$= \cos\left(\frac{(n+1)x + x}{2}\right)\sin\left(\frac{nx + x}{2}\right) = \cos\left(\frac{((n+1)+1)x}{2}\right)\sin\left(\frac{(n+1)x}{2}\right), \qquad (1.3.7)$$

donde hemos utilizado la identidad trigonométrica $\cos(x \pm y) = \cos(x)\cos(y) \mp \sin(x)\sin(y)$ para obtener las igualdades (1.3.4), (1.3.5) y (1.3.7); la identidad $\sin(x \pm y) = \sin(x)\cos(y) \pm \sin(y)\cos(x)$ para obtener las igualdades (1.3.5) y (1.3.7) y la identidad $\sin^2(x) + \cos^2(y) = 1$ para obtener la igualdad (1.3.6).

Retomando las expresiones (1.3.3) y (1.3.7) obtenemos:

$$\sum_{i=1}^{n+1} \cos(ix) = \frac{\cos\left(\frac{((n+1)+1)x}{2}\right)\sin\left(\frac{(n+1)x}{2}\right)}{\sin\left(\frac{x}{2}\right)},$$

como queríamos demostrar. $\qquad\qquad\qquad\square$

1.3.2. Demostración directa

Supongamos que queremos demostrar la proposición $p \to q$. Para ello supondremos verdadera p, y mediante el uso de definiciones y/o teoremas ya establecidos, construimos una secuencia lógica de proposiciones verdaderas de la forma:

$$p \to r_1$$

$$r_1 \to r_2$$

$$\vdots$$

$$r_{n-1} \to r_n$$

$$r_n \to q.$$

Una demostración directa se basa en el hecho que

$$[(p \rightarrow r_1) \wedge (r_1 \rightarrow r_2) \wedge \cdots \wedge (r_n \rightarrow q)] \rightarrow (p \rightarrow q)$$

es una tautología (es decir, una proposición que siempre es verdadera) para cualesquiera proposiciones $p, q, r_1, r_2, \ldots, r_n$, lo cual se puede demostrar fácilmente viendo las tablas de verdad.

En lo que sigue, daremos algunas definiciones que nos permitan demostrar teoremas.

Definición 1.3.6. Sea $m \in \mathbb{Z}$. Diremos que m es **par** si existe $k \in \mathbb{Z}$ tal que $m = 2k$. Diremos que m es **impar** si existe $k \in \mathbb{Z}$ tal que $m = 2k + 1$.

Teorema 1.3.7. *Si m es un entero par, entonces m^2 es par.*

Demostración. Si m es par, entonces para algún $k \in \mathbb{Z}$, $m = 2k$. Entonces

$$m^2 = (2k)^2 = 4k^2 = 2(2k^2).$$

Como $2k^2 \in \mathbb{Z}$, entonces, si $l = 2k^2$, concluimos que

$$m^2 = 2l,$$

de donde se sigue que m^2 es par. $\square$

Teorema 1.3.8. *Si m es un entero impar, entonces m^2 es impar.*

Demostración. Si m es impar, entonces para algún $k \in \mathbb{Z}$, $m = 2k + 1$. Entonces

$$m^2 = (2k + 1)^2 = 4k^2 + 4k + 1 = 2(2k^2 + 2k) + 1.$$

Como $2k^2 + 2k \in \mathbb{Z}$, entonces, si $l = 2k^2 + 2k$, concluimos que

$$m^2 = 2l + 1,$$

de donde se sigue que m^2 es impar. $\square$

Teorema 1.3.9. *Si m, n son enteros impares, entonces $m + n$ es impar.*

Demostración. Si m, n son impares, entonces existen $k_1, k_2 \in \mathbb{Z}$ tales que , $m = 2k_1 + 1$ y $n = 2k_2 + 1$. Entonces

$$m + n = (2k_1 + 1) + (2k_2 + 1) = 2(k_1 + k_2 + 1).$$

Como $k_1 + k_2 + 1 \in \mathbb{Z}$, entonces, si $l = k_1 + k_2 + 1$, concluimos que

$$m + n = 2(k_1 + k_2 + 1),$$

de donde se sigue que $m + n$ es par. $\qquad\square$

Definición 1.3.10. Sean $p, q \in \mathbb{Z}$. Diremos que q **divide a** p, y escribimos $q|p$ si existe $k \in \mathbb{Z}$ tal que $p = qk$. Diremos que q **no divide a** p, y escribimos $q \nmid p$, si para todo $k \in \mathbb{Z}$, $p \neq qk$.

Teorema 1.3.11. *Si $q|p$ y $q|r$ entonces $q|(p + r)$.*

Demostración. Si $q|p$ y $q|r$, entonces existen $k_1, k_2 \in \mathbb{R}$ tales que $p = qk_1$ y $r = qk_2$. De esta forma $p + r = qk_1 + qk_2 = q(k_1 + k_2)$ y puesto que $k_1 + k_2 \in \mathbb{Z}$, entonces por definición $q|(p + 2)$. $\qquad\square$

1.3.3. Demostración indirecta (por contrarrecíproca)

Una demostración indirecta, o por contrarrecíproca, se basa en el hecho que para cualesquiera proposiciones p, q:

$$p \rightarrow q \equiv (\neg q \rightarrow \neg p),$$

lo cual se puede verificar mediante tablas de verdad. Es decir, si queremos demostrar por contrarrecíproca que p implica q, podemos demostrar que $\neg q$ implica $\neg p$.

Teorema 1.3.12. *Demuestra que para todo $n \in \mathbb{N}$, si n^2 es par, entonces n es par.*

Demostración. Sea $n \in \mathbb{N}$. Procediendo por contrarrecíproca, basta demostrar que si n no es par, entonces n^2 no es par, es decir, si n es impar, entonces n^2 es impar, lo cual es cierto por el Teorema 1.3.8. $\qquad\square$

Teorema 1.3.13. *Demuestra que para todo $n \in \mathbb{N}$, si n^2 es impar, entonces n es impar.*

Demostración. Sea $n \in \mathbb{N}$. Procediendo por contrarrecíproca, basta demostrar que si n no es impar, entonces n^2 no es impar, es decir, si n es par, entonces n^2 es par, lo cual es cierto por el Teorema 1.3.7. $\qquad\square$

Definición 1.3.14. Diremos que una función $f : D \to \mathbb{R}$ es **inyectiva**, si para todo $x, y \in D$ tales que $x \neq y$, se cumple que $f(x) \neq f(y)$.

Demostrar que una función no es inyectiva equivale a encontrar un par de números x, y en el dominio de la función que sean distintos y cuya imagen bajo f sea la misma. Por ejemplo, la función $f(x) = x$ es inyectiva, ya que si $x \neq y$, entonces como $f(x) = x$ y $f(y) = y$, lo que implica trivialmente que $f(x) \neq f(y)$, mientras que $f(x) = x^2$ no es inyectiva ya que si $2 \neq -2$ y $f(2) = f(-2) = 4$. Gráficamente la inyectividad se determina si al trazar rectas paralelas al eje x, estas interceptan a la gráfica de la función en a lo sumo, un punto.

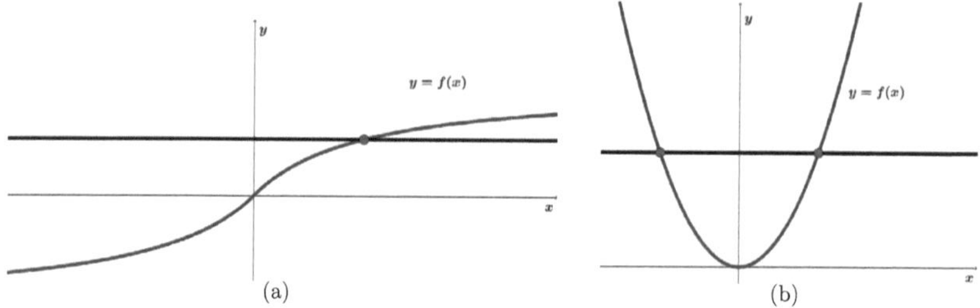

Figura 1.1: a) Función inyectiva y b) función no inyectiva.

En muchas ocasiones, demostrar la inyectividad a través de la definición puede involucrar razonamientos más tediosos. Por ello, será de utilidad (aunque como siempre, esto dependerá) utilizar la afirmación contrarrecíproca de la definición de inyectividad, como veremos a continuación.

Ejemplo 1.3.15. Muestra que $f(x) = x^3$ es inyectiva.

Solución. Sean $x, y \in \mathbb{R}$. Debemos demostrar que si $x \neq y$, entonces $x^3 \neq y^3$, lo cual es equivalente a demostrar que si $x^3 = y^3$, entonces $x = y$. De esta forma supongamos que $f(x) = f(y)$, es decir, supongamos que $x^3 = y^3$. Entonces, extrayendo la raíz cúbica obtenemos que

$$\sqrt[3]{x^3} = \sqrt[3]{y^3}$$

$$x = y,$$

lo cual demuestra la afirmación. $\qquad\square$

Ejemplo 1.3.16. Muestra que $f(x) = \frac{x}{1+|x|}$, $x \in \mathbb{R}$ es inyectiva.

Solución. Demostraremos la contrarrecíproca de la definición de inyectividad, es decir, supondremos que si $f(x) = f(y)$, entonces $x = y$; en otras palabras, si $\frac{x}{1+|x|} = \frac{y}{1+|y|}$ entonces $x = y$. Partamos de

$$\frac{x}{1+|x|} = \frac{y}{1+|y|}$$

$$x + x|y| = y + y|x|. \tag{1.3.8}$$

Veamos que esta igualdad implica que $x = y$. En presencia del valor absoluto, analizaremos todas las posibles combinaciones de signo que pueden tener x, y de manera conjunta.

Caso 1: Supongamos que $x \geq 0$ y $y \geq 0$. En este caso, $|x| = x$ y $|y| = y$, de donde (1.3.8) se transforma en:

$$x + xy = y + yx$$

$$x = y,$$

es decir, (1.3.8) implica $x = y$ cuando $x, y \geq 0$.

Caso 2: Supongamos que $x \leq 0$ y $y \leq 0$. En este caso, $|x| = -x$ y $|y| = -y$, de donde (1.3.8) se transforma en:

$$x - xy = y - yx$$

$$x = y,$$

es decir, (1.3.8) implica $x = y$ cuando $x, y \leq 0$.

Caso 3: Supongamos que $x \geq 0$ y $y \leq 0$. En este caso, $|x| = x$ y $|y| = -y$, de donde (1.3.8) se transforma en:

$$x - xy = y + yx$$

$$2xy = x - y,$$

pero esta igualdad es imposible que suceda, salvo si $x = y = 0$, ya que el lado izquierdo es menor o igual que cero (puesto que $x \geq 0$ y $y \leq 0$), mientras que el lado derecho es mayor o igual que cero (puesto que que $x \geq 0$ y $-y \geq 0$). Por lo tanto, en este caso $x = y = 0$.

Caso 4: Supongamos que $x \leq 0$ y $y \geq 0$. En este caso, $|x| = -x$ y $|y| = y$, de donde (1.3.8) se transforma en:

$$x + xy = y - yx$$

$$2xy = y - x,$$

pero esta igualdad es imposible que suceda, salvo si $x = y = 0$, ya que el lado izquierdo es menor o igual que cero (puesto que $x \leq 0$ y $y \geq 0$), mientras que el lado derecho es mayor o igual que cero (puesto que que $y \geq 0$ y $-x \geq 0$). Por lo tanto, en este caso $x = y = 0$.

Observemos finalmente que sin importar el caso, siempre concluimos que $x = y$, lo cual muestra que f es inyectiva. $\qquad\square$

1.3.4. Demostración por contradicción

Las demostraciones por contradicción se basan en el hecho que:

$$p \equiv [(\neg p) \to (c \wedge \neg c)],$$

es decir, $p \leftrightarrow [(\neg p) \to (c \wedge \neg c)]$ es una tautología (lo cual se deja como ejercicio). En otras palabras, demostrar la veracidad de una proposición es equivalente a demostrar que la su negación implica una contradicción (observa que $c \wedge \neg c$ siempre es falsa). Otra forma común de demostrar una proposición de la forma $p \to q$ (lo cual se deduce de lo anterior) se basa en suponer válidas las proposiciones p y $\neg q$ y a partir de ello concluir una contradicción de la forma $c \wedge \neg c$ (es decir, $(p \rightarrow q) \equiv [(p \wedge \neg q) \rightarrow (c \wedge \neg c)]$).

Para nuestro siguiente ejemplo, diremos que un número real r es **racional** si existen p, q enteros tales que $r = \frac{p}{q}$. Diremos que un número real r es **irracional** si no es racional, es decir, para cualesquiera p, q enteros, $r \neq \frac{p}{q}$.

Ejemplo 1.3.17. Demuestra que $\sqrt{2}$ es irracional.

Solución. Supongamos lo contrario, es decir, supongamos que $\sqrt{2}$ es racional. Entonces existen enteros p, q tales que $\sqrt{2} = \frac{p}{q}$. Podemos suponer, sin pérdida de generalidad que $\frac{p}{q}$ es una fracción irreducible (es decir, que está simplificada, o lo que es lo mismo, no tienen factores comunes que se cancelen). Esto implica en particular que p, q no son ambos números pares. Entonces,

$$\sqrt{2} = \frac{p}{q}$$
$$2 = \frac{p^2}{q^2}$$
$$p^2 = 2q^2,$$

es decir, p^2 es par. Por el Teorema 1.3.12, deducimos que p es par, y así q debe ser impar. Ello implica, por definición, que existe un entero k tal que $p = 2k$. Así, $p^2 = (2k)^2 = 4k^2$, pero también $p^2 = 2q^2$, de donde $4k^2 = 2q^2$, y simplificando queda que $q^2 = 2k^2$, lo cual indica que q^2 es par. Nuevamente, por el Teorema 1.3.12, se concluye que q también es par, y esto es contradictorio, ya que hemos llegado a que q es impar y par. Por lo tanto, no es posible suponer que $\sqrt{2}$ es racional, y así, debe ser irracional. $\qquad\square$

Para nuestro próximo ejemplo, notemos que todo número entero al dividirse entre 3 siempre deja como residuo 0, 1 o 2. Esto indica que todo número natural o bien es de la forma $3k$ (divisible entre 3), o bien es de la forma $3k + 1$ (deja residuo 1 al dividirse entre 3) o bien es de la forma $3k + 2$ (deja residuo 2 al dividirse entre 3). Observa que cada número natural solamente puede tener una de estas formas. Con esto podemos demostrar el siguiente lema antes de nuestro ejemplo.

Lema 1.3.18. *Sea $n \in \mathbb{N}$. Si n^2 es múltiplo de 3, entonces n es múltiplo de 3.*

Demostración. Haremos la demostración por contrarrecíproca. Supongamos que $n \in \mathbb{N}$ no es un múltiplo de 3. Debemos mostrar que ello implica que n^2 tampoco es un múltiplo de 3. Por lo observado arriba, si n no es múltiplo de 3, entonces $n = 3k + 1$ o bien $n = 3k + 2$, para algún $k \in \mathbb{Z}$. Analizaremos ambos casos.

Caso 1: $n = 3k + 1$. En este caso tenemos que:

$$n^2 = (3k + 1)^2 = 9k^2 + 6k + 1 = 3(3k^2 + 2k) + 1.$$

Como $3k^2 + 2k \in \mathbb{Z}$, se deduce que n^2 no es múltiplo de 3 (porque dejó residuo 1).

Caso 2: $n = 3k + 2$. En este caso tenemos que:

$$n^2 = (3k + 2)^2 = 9k^2 + 12k + 4 = 9k^2 + 12k + 3 + 1 = 3(3k^2 + 4k + 1) + 1.$$

Como $3k^2 + 4k + 1 \in \mathbb{Z}$, se deduce que n^2 no es múltiplo de 3 (porque dejó nuevamente residuo 1). Sin importar el caso, siempre concluimos que n^2 tampoco es múltiplo de 3, con lo cual queda demostrado el lema. $\qquad\square$

Ejemplo 1.3.19. Demuestra que $\sqrt{3}$ es irracional.

Solución. Supongamos lo contrario, es decir, supongamos que $\sqrt{3}$ es racional. Entonces existen enteros p, q tales que $\sqrt{3} = \frac{p}{q}$. Podemos suponer, sin pérdida de generalidad que $\frac{p}{q}$ es una fracción irreducible (es decir, que está simplificada, o lo que es lo mismo, no tienen factores comunes que se cancelen). Esto implica en particular que p, q no son ambos múltiplos de 3. Entonces,

$$\sqrt{3} = \frac{p}{q}$$

$$3 = \frac{p^2}{q^2}$$

$$p^2 = 3q^2,$$

es decir, p^2 es múltiplo de 3. Por el Lema 1.3.18, deducimos que p es múltiplo de 3, y así q no debe ser múltiplo de 3. Ello implica, por definición, que existe un entero k tal que $p = 3k$.

Así, $p^2 = (3k)^2 = 9k^2$, pero también $p^2 = 3q^2$, de donde $9k^2 = 3q^2$, y simplificando queda que $q^2 = 3k^2$, lo cual indica que q^2 es múltiplo de 3. Nuevamente, por el Lema 1.3.18, se concluye que q también es múltiplo de 3, y esto es contradictorio, ya que hemos llegado a que q no es múltiplo de 3 y también es múltiplo de 3. Por lo tanto, no es posible suponer que $\sqrt{3}$ es racional, y así, debe ser irracional. $\qquad\square$

Ejemplo 1.3.20. Demuestra por contradicción que si $x \in \mathbb{R}$ y $0 < x < 1$, entonces $x^2 < x$.

Solución. Procediendo por contradicción, supongamos que $x \in \mathbb{R}$ es tal que $0 < x < 1$ y que $x^2 \geq x$. Entonces, dado que $x > 0$, se tiene que $0 \cdot x < x \cdot x < 1 \cdot x$, lo que implica $x^2 < x$, pero esto es contradictorio ya que $x^2 \geq x$ y $x^2 < x$. Así, bajo los supuestos del ejemplo, debe cumplirse que $x^2 < x$. $\qquad\square$

Observa que esta demostración también se puede hacer por el método directo (compruébalo).

Ejemplo 1.3.21. Demuestra por contradicción que si n^2 es par, entonces n es par.

Solución. Procedamos por contradicción suponiendo que n^2 es par y que n es impar. Entonces $n = 2k + 1$ para algún entero k, y así

$$n^2 = (2k + 1)^2 = 4k^2 + 4k + 1 = 2(2k^2 + 2k) + 1,$$

y como $2k^2 + 2k \in \mathbb{Z}$, entonces n^2 es impar, lo cual es absurdo, ya que n^2 es par e impar. Así, debe cumplirse que si n^2 es par, entonces n es par. $\qquad\square$

1.3.5. Demostración por contraejemplo

Supongamos que se desea probar que una proposición p (la cual depende, posiblemente, de variables) es falsa. Una forma de proceder es mostrar que $\not{p}$ es verdadera (por alguno de los métodos vistos). Otra forma de mostrar la falsedad de p es exhibir un ejemplo que muestre que muestre su falsedad. Por ejemplo, la proposición $p(n) : \forall n \in \mathbb{N}, n$ es par, es una afirmación falsa, y para ello basta exhibir un número natural n que no sea par. Para ello, podemos tomar, por ejemplo, $n = 1$, ya que $1 \in \mathbb{N}$ pero 1 no es par.

Ahora, supongamos que se desea probar que $p \rightarrow q$ es falsa (donde p, q dependen posiblemente de variables). Entonces bastará encontrar un ejemplo en el que p es verdadera y q es falsa (ya que la implicación $p \rightarrow q$ es falsa cuando p es verdadera y q es falsa).

La existencia de un ejemplo que muestra la falsedad de una proposición recibe el nombre de contraejemplo, es decir, un contraejemplo busca refutar la afirmación.

Ejemplo 1.3.22. Demuestra que la afirmación: para cualesquiera $x, y \in \mathbb{R}$, $|x+y| = |x|+|y|$, es falsa.

Solución. Basta exhibir un ejemplo que contradiga la afirmación la afirmación. En efecto, tomando $x = 5$ y $y = -5$, vemos que $x, y \in \mathbb{R}$ y $|x + y| = |5 + (-5)| = 0$, mientras que $|x| = |5| = 5$ y $|y| = |-5| = 5$, de donde $|x| + |y| = 10 \neq |x + y|$. Así la afirmación del ejemplo es falsa. $\qquad\square$

Ejemplo 1.3.23. Demuestra o refuta la siguiente afirmación: si $a, b \in \mathbb{R}$ y $a^2 = b^2$, entonces $a = b$.

Solución. Primero observa lo siguiente: alguien podría estar tentado a extraer la raíz cuadrada de ambos lados $a^2 = b^2$ y concluir erradamente que $a = b$; pero esto no es posible hacerse porque $\sqrt{a^2} = |a|$, es decir la conclusión correcta debería ser que si $a^2 = b^2$ entonces $|a| = |b|$ (y no $a = b$ como se plantea en el ejemplo). Por ello intentar demostrar la afirmación no es viable, y en vista de la aparición del valor absoluto, lo más conveniente sería buscar un contraejemplo. Para ello, si tomamos $a = 2$ y $b = -2$, vemos que $a^2 = b^2$ pero $a \neq b$. Así la afirmación dada en el ejemplo es falsa. $\qquad\square$

1.3.6. Ejercicios

1. Demuestra por inducción las siguientes afirmaciones:

   a) $\forall n \in \mathbb{N}, \sum_{i=1}^{n} i^2 = \dfrac{n(n + 1)(2n + 1)}{6}$.

   b) $\forall n \in \mathbb{N}, \sum_{i=1}^{n} i^3 = \left[\dfrac{n(n + 1)}{2}\right]^2$.

c) $\forall n \in \mathbb{N}, \frac{1}{2^2-1} + \frac{1}{3^2-1} + \cdots + \frac{1}{(n+1)^2-1} = \frac{3}{4} - \frac{1}{2(n+1)} - \frac{1}{2(n+2)}.$

d) Para todo $n \in \mathbb{N}$, con $n \geq 2$, $\frac{1}{2} + \frac{2}{3} + \cdots + \frac{n}{n+1} < \frac{n^2}{n+1}.$

e) $\forall a \in \mathbb{R}, \forall b \in \mathbb{R}, \forall n \in \mathbb{N}, (a+b)^n = \sum_{i=0}^{n} \binom{n}{i} a^{n-i} b^i$. *S*ugerencia. En algún momento de la prueba, será necesario que cambies el índice de la suma y que apliques la fórmula $\binom{n}{i} + \binom{n}{i-1} = \binom{n+1}{i}$, válida para todo $n \in \mathbb{N}$ y todo $i = 1, 2, \ldots, n$.

2. Ofrece un argumento, sin inducción y con base en propiedades de la suma, para justificar las siguientes igualdades. Posteriormente ofrece una demostración para dicha fórmula.

$$\sum_{i=0}^{n}(2i + 1) = (n + 1)^2$$

$$\sum_{i=1}^{n}(3i - 2) = \frac{n(3n - 1)}{2}.$$

3. Observa la siguiente forma de obtener el valor de $\sum_{i=1}^{n} i^2$ en términos de $\sum_{i=1}^{n} i$. Para ello, primero observa que

$$(i + 1)^3 - i^3 = 3i^2 + 3i + 1.$$

Ahora, si tomamos $i = 1, 2, \ldots, n$ obtenemos:

$$(1 + 1)^3 - 1^3 = 3 \cdot 1^2 + 3 \cdot 1 + 1$$

$$(2 + 1)^3 - 2^3 = 3 \cdot 2^2 + 3 \cdot 2 + 1$$

$$(3 + 1)^3 - 3^3 = 3 \cdot 3^2 + 3 \cdot 3 + 1$$

$$\vdots$$

$$(n + 1)^3 - n^3 = 3 \cdot n^2 + 3 \cdot n + 1,$$

y sumando todas los términos del lado izquierdo y del lado derecho obtenemos que

$$(n + 1)^3 - 1 = 3(1^2 + 2^2 + 3^2 + \cdots n^2) + 3(1 + 2 + 3 + \cdots n) + n.$$

De esta forma

$$\sum_{i=1}^{n} i^2 = \frac{(n + 1)^3 - 1 - n - 3\sum_{i=1}^{n} i}{3}$$

$$= \frac{(n+1)^3 - 1 - n - 3\frac{n(n+1)}{2}}{3} = \frac{n(n+1)(2n+1)}{6}.$$

Utiliza el argumento anterior para obtener una fórmula para las siguientes expresiones $\sum_{i=1}^{n} i^3$ y $\sum_{i=1}^{n} i^4$.

4. Decimos que una función f con dominio real es convexa si para cualesquiera $x_1, x_2 \in \mathbb{R}$ y para cualesquiera $\alpha_1, \alpha_2 \in \mathbb{R}$ tales que $\alpha_1 + \alpha_2 = 1$, con $\alpha_1, \alpha_2 \geq 0$, se cumple que

$$f(\alpha_1 x_1 + \alpha_2 x_2) \leq \alpha_1 f(x_1) + \alpha_2 f(x_2).$$

Demuestra que si f es convexa, entonces para cualesquiera $x_1, x_2, \ldots, x_n \in \mathbb{R}$ y para cualesquiera $\alpha_1, \alpha_2, \ldots, \alpha_n \in \mathbb{R}$ tales que $\sum_{i=1}^{n} \alpha_i = 1$, con $\alpha_1, \alpha_2, \ldots, \alpha_n \geq 0$, se cumple que

$$f\left(\sum_{i=1}^{n} \alpha_i x_i\right) \leq \sum_{i=1}^{n} \alpha_i f(x_i).$$

5. Demuestra las siguientes afirmaciones por el método directo.

   a) Demuestra que si $x, y \in \mathbb{R}$, entonces $\frac{x+y}{2} \in [x, y]$, siempre que $x \leq y$.

   b) Demuestra que para todo $\alpha \in [0, 1]$ y para cualesquiera $x, y \in \mathbb{R}$, $(1 - \alpha)x + \alpha y \in [x, y]$, siempre que $x \leq y$.

   c) Demuestra que para cualesquiera número reales $a, b \geq 0$ con $b \geq a$,

$$a \leq \sqrt{ab} \leq \frac{a+b}{2} \leq b.$$

   d) La función mínimo de dos números reales x, y se denota por $\text{mín}\{x, y\}$ y se define como define como el menor de los dos números x, y. Análogamente se define la función máximo de dos números reales x, y, denotada por $\text{máx}\{x, y\}$, como el mayor de los números x, y. Demuestra que $\text{mín}\{x, y\} = \frac{x+y-|x-y|}{2}$ y $\text{máx}\{x, y\} = \frac{x+y+|x-y|}{2}$.

   e) Demuestra que para todo $n \in \mathbb{N}$ y para todo $x \in [0, 1]$, $x \geq x^2 \geq \cdots \geq x^n$.

   f) Demuestra que $||x| - |y|| \leq |x - y|$, para cualesquiera $x, y \in \mathbb{R}$.

g) Demuestra que se cumple $x^n - y^n = (x - y)\sum_{k=1}^{n} x^{n-k}y^{k-1}$, para cualesquiera $x, y \in \mathbb{R}$ y para todo $n \in \mathbb{N}$.

h) Demuestra que si $x, y \in \mathbb{R}$ no son cero ambos simultáneamente, entonces

$$x^2 + xy + y^2 > 0 \quad \text{y} \quad x^4 + x^3y + x^2y^2 + xy^3 + y^4 > 0.$$

Ayuda: Quizás sea conveniente usar el resultado del Ejercicio $5h$).

i) Sean m, n, p números enteros. Si $(m + n)$ y $(n + p)$ son números pares, entonces $m + p$ es par.

j) Si $a \mid b$ y $a \mid (b^2 - c)$, entonces $a \mid c$.

k) Si $ax^2 + bx + c = 0$, entonces

$$x = \frac{-b \pm \sqrt{b^2 - 4ac}}{2a}.$$

6. Demuestra las siguientes afirmaciones por el método indirecto.

a) Demuestra que la función $f(x) = \frac{x^3}{1+x^2}$ es inyectiva en su dominio.

b) Si $3n + 2$ es impar, entonces n es impar.

c) Si $4 \nmid a^2$, entonces a es impar.

d) Sean a, b enteros positivos. Si $n = ab$, entonces $a \leq \sqrt{n}$ o $b \leq \sqrt{n}$.

e) Si $a \nmid n$, entonces $a \nmid (a + n)$.

f) Diremos que una función definida en $\mathbb{R}$ es *par* si para todo $x \in \mathbb{R}$, $f(x) = f(-x)$. Sea f una función con dominio $\mathbb{R}$ y derivable en todo su dominio. Si $f'(0) \neq 0$ entonces f no es par.

7. Demuestra las siguientes afirmaciones por el método de contradicción.

a) Si n es un número entero, entonces $4 \nmid (n^2 + 2)$.

b) Considera n números enteros $s_1, \ldots, s_n$, tales que:

1) $s_1 > 0$ y $s_n < 0$,

2) para todo $i \in \mathbb{N}$, $1 \le i < n$, $s_{i+1} = s_i + 1$ ó $s_{i+1} = s_i - 1$.

Demuestra que existe $i \in \mathbb{N}$ con $1 < i < n$, tal que $s_i = 0$.

Capítulo 2

Teoría de conjuntos

2.1. Conjuntos y subconjuntos

La teoría de conjuntos como disciplina independiente se atribuye usualmente a *Georg Cantor*. Comenzando con sus investigaciones sobre conjuntos numéricos, desarrolló un estudio sobre los conjuntos infinitos y sus propiedades. La influencia de Dedekind y Cantor empezó a ser determinante a finales del siglo XIX, en el proceso de "axiomatización" de la matemática, en el que todos los objetos matemáticos, como los números, las funciones y las diversas estructuras, fueron construidos con base en los conjuntos.

Definición 2.1.1. Un **conjunto** es una colección bien definida de objetos, entendiendo que dichos objetos pueden ser cualquier cosa: números, personas, letras, otros conjuntos, etc.

Algunos ejemplos son:

- A es el conjunto de los números enteros menores que 10.

- B es el conjunto de los colores amarillo, azul y rojo.

- C es el conjunto de las vocales.

- D es el conjunto de los números naturales pares.

Un conjunto lo definen únicamente sus miembros. En particular, un conjunto puede escribirse como una lista de elementos, pero cambiar el orden de dicha lista o añadir elementos repetidos no define un conjunto nuevo. Por ejemplo:

$$S = \{\text{Lunes, Martes, Miércoles, Jueves, Viernes}\}$$
$$= \{\text{Martes, Viernes, Jueves, Lunes, Miércoles}\}.$$

Los conjuntos pueden ser **finitos** o **infinitos**. El conjunto de los números naturales es infinito, pero el conjunto de los planetas del sistema solar es finito. Además, los conjuntos pueden combinarse mediante operaciones, de manera similar a las operaciones con números.

2.1.1. Notación

Los conjuntos comúnmente se representan con letras mayúsculas $A, B, C, \ldots$ y a los elementos con letras minúsculas $a, b, c, \ldots$. Existen dos maneras de referirse a un conjunto. Por extensión o por comprensión. Decimos que un conjunto está escrito por extensión si listamos todos los elementos del conjunto; en cambio, decimos que un conjunto está escrito por comprensión cuando logramos expresar la propiedad que caracteriza el conjunto sin necesidad de escribir sus elementos. Retomando los conjuntos A, B, C, D dados como ejemplos de conjuntos anteriormente, podríamos escribir los conjuntos B y C por extensión, listando todos sus elementos explícitamente.

$$B = \{\text{amarillo, azul, rojo}\}$$
$$C = \{\text{a, e, i, o, u}\} \tag{2.1.1}$$

Sin embargo, para los conjuntos A y D se deberían escribir por comprensión, donde se especifique una propiedad que todos sus elementos poseen.

$$A = \{x \in \mathbb{Z} : x < 10\}$$
$$D = \{n \in \mathbb{N} : n = 2k, \ \text{con } k \in \mathbb{Z}^+\} \tag{2.1.2}$$

A partir de una descripción de un conjunto X, como en las expresiones (2.1.1) o (2.1.2) y un elemento x, es posible determinar si x pertenece o no a X. Si los miembros de X se enuncian como en (2.1.1), sólo tenemos que mirar si x aparece o no en la lista. Ahora bien, si tenemos un conjunto descrito como en (2.1.2), se debe verificar si el elemento x tiene la propiedad indicada. Si x está en el conjunto X, se escribe $x \in X$ y si x no está en X, se escribe $x \notin X$. Por ejemplo, si $x = 1$, entonces $x \in A$, pero $x \notin D$, donde A y D están definidos en los ejemplos anteriores.

2.1.2. Definiciones básicas

Definición 2.1.2. El conjunto sin elementos se llama **conjunto vacío** (o nulo) y se denota por $\emptyset$, o simplemente con las llaves sin elementos, $\emptyset = \{\}$.

Ejemplo 2.1.3. Considera el conjunto A dado por

$$A = \{n \in \mathbf{N} : 4 < n^2 < 9\}.$$

Solución. Este conjunto es vacío, pues no existe un número natural que al elevarlo a la 2 esté entre 4 y 9. Por lo tanto,

$$A = \{n \in \mathbf{N} : 4 < n^2 < 9\} = \{\} = \emptyset.$$

$\square$

Definición 2.1.4. Dos conjuntos A y B son iguales y escribimos $A = B$ si ambos tienen los mismos elementos. Dicho de otra manera, $A = B$ si para cada elemento $x \in A$, implica que $x \in B$ (de manera que todo elemento de A es elemento de B) y para toda $x \in B$, implica que $x \in A$ (de manera que todo elemento de B es elemento de A). Simbólicamente, decimos que:

$$A = B \leftrightarrow \forall x \left((x \in A \rightarrow x \in B) \wedge (x \in B \rightarrow x \in A) \right).$$

Ejemplo 2.1.5. Se desea probar que lo conjuntos A y B son iguales, donde:

$$A = \{x : x^2 + x + 6 = 0\} \quad \text{y} \quad B = \{2, -3\}.$$

Solución. Se debe probar entonces que:

i) $\forall x, x \in A \to x \in B$.

Supongamos que tenemos un elemento $x \in A$. Entonces,

$$x^2 + x - 6 = 0.$$

Al factorizar, tenemos que: $(x + 3)(x - 2) = 0$. Por lo tanto, $x = 2$ o $x = -3$. En cualquiera de los casos, $x \in B$.

ii) $\forall x, x \in B \to x \in A$.

Ahora, supongamos que tenemos un elemento $x \in B$. Entonces, $x = 2$ o $x = -3$. Veamos:

$$\text{Si } x = -2, \quad 2^2 + 2 - 6 = 0$$

$$\text{Si } x = -3, \quad (-3)^2 + (-3) - 6 = 0,$$

lo que implica, en cualquiera de los dos casos que $x \in A$.

Finalmente, de i) y ii) podemos concluir que $A = B$. $\qquad\square$

Definición 2.1.6. Decimos que A es un **subconjunto** de B, si todo elemento de A es elemento de B, y lo simbolizamos $A \subseteq B$.

Ejemplo 2.1.7. Se desea probar que $A \subseteq B$, donde:

$$A = \{x : x^2 + x - 2 = 0\} \quad \text{y} \quad B = \{x : x \in \mathbb{Z}\}.$$

Solución. Para probar que $A \subseteq B$, se debe demostrar que para todo x, $x \in A$ implica que $x \in B$.

Sea $x \in A$, es decir, x satisface la ecuación $x^2 + x - 2 = 0$. Al factorizar y despejar, tenemos que $x = 1$ o $x = -2$. En consecuencia, para cualquiera de los dos casos, $x \in B$.

Por lo tanto se concluye que $A \subseteq B$. $\qquad\square$

Nota importante: De la definición de subconjunto se desprenden propiedades importantes, como son:

- Cualquier conjunto X es subconjunto de si mismo.

- El conjunto vacío es subconjunto de todo conjunto.

Definición 2.1.8. Si A es un subconjunto de B y A no es igual a B, se dice que A es un **subconjunto propio** de B y se escribe $A \subset B$.

Cuando un conjunto A no está contenido en otro conjunto B, escribimos $A \nsubseteq B$, es decir, existe un elemento $x \in A$ y $x \notin B$. Por ejemplo, si $A = \{1,2,3\}$ y $B = \{1,2,4\}$, entonces $A \nsubseteq B$, ya que $3 \in A$ y $3 \notin B$.

Definición 2.1.9. El conjunto de todos los subconjuntos (propios o no) de un conjunto X, denotado por $\mathcal{P}(X)$, se llama el **conjunto potencia** de X.

Ejemplo 2.1.10. Sea el conjunto $A = \{a, b, c\}$. Encuentre todos los miembros del conjuntos potencia.

Solución. Los miembros del conjunto potencia de A son:

$$\mathcal{P}(A) = \{\emptyset, \{a\}, \{b\}, \{c\}, \{a,b\}, \{a,c\}, \{b,c\}, \{a,b,c\}\}.$$

Es importante resaltar que todos los conjuntos del conjunto potencia excepto $\{a,b,c\}$ son subconjuntos propios de A. $\qquad\square$

Definición 2.1.11. La **cardinalidad de un conjunto** es el total de elementos que contiene el conjunto. En la literatura existen varias formas para simbolizarla, como son: $|A|$ o $\#(A)$ o $\mathrm{car}(A)$. Para evitar confusiones, trabajaremos con la primera.

Ejemplo 2.1.12. Continuando con el conjunto $A = \{a, b, c\}$ del ejemplo anterior. Encuentra la cardinalidad de A y de $\mathcal{P}(A)$.

Solución. $|A| = 3$ y $|\mathcal{P}(A)| = 2^3 = 8$. $\qquad\square$

Daremos una demostración utilizando inducción matemática de que el resultado del ejemplo anterior, en general es válido; esto es, el conjunto potencia de un conjunto con n elementos tiene 2^n elementos.

Teorema 2.1.13. *Si* $|X| = n$, *entonces* $|\mathcal{P}(X)| = 2^n$.

Demostración. Realizaremos la demostración por medio de Inducción matemática, esto es:

i) Si $n = 1$, X sería un conjunto unitario, es decir, con un solo elemento. Por lo tanto,

$$|\mathcal{P}(X)| = |\{\emptyset, x\}| = 2 = 2^1.$$

Por lo tanto, se cumple para $n = 1$

ii) Supongamos que se cumple para n, es decir si tenemos un conjunto X con $|X| = n$ entonces $|\mathcal{P}(X)| = 2^n$. Notemos que el conjunto potencia de un conjunto de n elementos esta compuesto por: vacío, los subconjuntos de un solo elemento, los subconjuntos de dos elementos, los subconjuntos de tres elementos, así sucesivamente hasta llegar al último conjunto, que esta compuesto con todos los elementos. Simbólicamente podemos escribir:

$$\emptyset, \quad \{\{\bullet\}, \ldots, \{\bullet\}\}, \quad \{\{\bullet, \bullet\}, \ldots, \{\bullet, \bullet\}\}, \quad X.$$

Ahora, supongamos que la cardinalidad de los subconjuntos con un solo elementos es x_1, la cantidad de subconjuntos con dos elementos es x_2, la cantidad de subconjuntos con tres elementos es x_3 y así sucesivamente hasta que la cantidad de subconjuntos con n elementos es x_n. Por lo tanto,

$$\underbrace{|\{\emptyset\}|}_{1} \quad \underbrace{|\{\{\bullet\}, \ldots, \{\bullet\}\}|}_{x_1} \quad \underbrace{|\{\{\bullet, \bullet\}, \ldots, \{\bullet, \bullet\}\}|}_{x_2} \quad \cdots \quad \underbrace{|X|}_{x_n}.$$

En conclusión $|\mathcal{P}(X)| = 1 + x_1 + x_2 + x_3 + \cdots + x_n = 2^n$

ii) Demostremos que se cumple para $n + 1$. Supongamos un conjunto Y con $|Y| = n + 1$. Entonces notemos que:

$$\underbrace{|\{\emptyset\}|}_{1} \quad \underbrace{|\{\{\bullet\}, \ldots, \{\bullet\}\}|}_{y_1 = 1 + x_1} \quad \underbrace{|\{\{\bullet, \bullet\}, \ldots, \{\bullet, \bullet\}\}|}_{y_2 = x_1 + x_2} \quad \cdots \quad \underbrace{|Y|}_{y_n = x_{n-1} + x_n} \quad.$$

Esto es,

$$|\mathcal{P}(X)| = 1 + y_1 + y_2 + y_3 + \cdots + y_n$$

$$= 2 + 2x_1 + 2x_2 + 2x_3 + \cdots 2x_n$$

$$= 2(1 + x_1 + x_2 + x_3 + \cdots x_n) = 2^{n+1}$$

Finalmente de i), ii) y iii) queda demostrado que si $|X| = n$, entonces $|\mathcal{P}(X)| = 2^n$. $\qquad\square$

2.1.3. Operaciones entre conjuntos

Existen varias operaciones básicas que pueden realizarse, partiendo de ciertos conjuntos dados, para obtener nuevos conjuntos. Estas son:

Definición 2.1.14. Unión: (símbolo $\cup$) La unión de dos conjuntos A y B, que se representa como $A \cup B$, es el conjunto de todos los elementos que pertenecen al menos a uno de los conjuntos A o B.

$$A \cup B = \{x \mid x \in A \vee x \in B\}.$$

Definición 2.1.15. Intersección: (símbolo $\cap$) La intersección de dos conjuntos A y B es el conjunto $A \cap B$ de los elementos comunes a A y B.

$$A \cap B = \{x \mid x \in A \wedge x \in B\}.$$

Definición 2.1.16. Diferencia: (símbolo $\setminus$) La diferencia del conjunto A con B es el conjunto $A \setminus B$ que resulta de eliminar de A cualquier elemento que esté en B.

$$A \setminus B = \{x \mid x \in A \wedge x \notin B\}.$$

Observemos que la diferencia, se puede ver como una intersección de conjuntos. Esto es:

$$A \setminus B = A \cap B^c.$$

Definición 2.1.17. Complemento: El complemento de un conjunto A es el conjunto A^c que contiene todos los elementos que no pertenecen a A, respecto a un conjunto U que lo contiene.

$$A^c = \{x \in U \mid x \notin A\}.$$

Definición 2.1.18. Diferencia simétrica: (símbolo $\triangle$) La diferencia simétrica de dos conjuntos A y B es el conjunto $A \triangle B$ con todos los elementos que pertenecen, o bien a A, o bien a B, pero no a ambos a la vez.

$$A \triangle B = \{x \mid x \in A \setminus B \vee x \in B \setminus A\}.$$

Observemos que la diferencia simétrica, se puede reescribir como:

$$A \triangle B = (A \setminus B) \cup (B \setminus A) = (A \cap B^c) \cup (B \cap A^c).$$

Definición 2.1.19. Producto cartesiano: (símbolo $\times$) El producto cartesiano de dos conjuntos A y B es el conjunto $A \times B$ de todos los pares ordenados (a, b) formados con un primer elemento $a \in A$, y un segundo elemento $b \in B$.

Ejemplo 2.1.20. Sean los conjuntos $A = \{1, 3, 5\}$ y $B = \{4, 5, 6\}$ y $U = \{1, 2, 3, 4, 5, 6\}$. Encuentra las siguientes operaciones:

a) $A \cup B$.

c) $A \setminus B$.

e) $A \triangle B$.

b) $A \cap B$.

d) A^c.

f) $A \times B$.

Solución. Primero obtenemos a) - e).

a) $A \cup B = \{1, 3, 4, 5, 6\}$.

c) $A \setminus B = \{1, 3\}$.

e) $A \triangle B = \{1, 3, 4, 6\}$.

b) $A \cap B = \{5\}$.

d) $A^c = \{2, 4, 6\}$.

Finalmente

f) $A \times B = \{(1, 4), (1, 5), (1, 6), (3, 4), (3, 5), (3, 6), (5, 4), (5, 5), (5, 6)\}$.

$\square$

Definición 2.1.21. Los conjuntos A y B son **disjuntos** si $A \cap B = \emptyset$. Se dice que una colección de conjuntos S es **disjunta por pares** si siempre que A y B son conjuntos diferentes en S, A y B son disjuntos.

Ejemplo 2.1.22. Sea $A = \{1, 4, 5\}$, $B = \{2, 6\}$ y $S = \{\{1, 4, 5\}, \{2, 6\}, \{3\}, \{7, 8\}\}$. ¿Qué conjuntos son disjuntos?

Solución. Observemos que los conjuntos A y B son disjuntos y la colección de conjuntos S son disjuntos a pares. $\qquad\square$

En ocasiones, se trata con conjuntos donde todos son subconjuntos de un conjunto U. Este conjunto U se llama **conjunto universal o universo**. El conjunto U debe estar dado explícitamente o poder inferirse del contexto.

2.1.4. Ejercicios

1. Determina por extensión cada uno de los siguientes conjuntos.

   a) $A = \{x \in \mathbb{Z} : x^2 = 4\}$

   b) $T = \{x : x \text{ es una cifra de } 2324\}$

   c) $C = \{x \in \mathbb{R} : x^2 + x + 1 = 0\}$

   d) $S = \{x \in \mathbb{R} : x^2 + 5x + 6 = 0\}$

2. Determina si la cardinalidad de cada conjunto dado es finita o infinita.

   a) $A = \{x : x \text{ es un día de la semana}\}$

   b) $B = \{x : x \text{ es una vocal de la palabra "discretas"}\}$

   c) $C = \{x \in \mathbb{N} : 2 < x < 3\}$

   d) $D = \{x \in \mathbb{N} : 5x = 15\}$

   e) $E = \{x \in \mathbb{Z} : x < 12\}$

3. Sea $A = \{r, s, t, u, v\}$. Determina la veracidad o falsedad de cada afirmación.

   a) $a \in A$

   b) $r \subset A$

   c) $\{s\} \in A$

   d) $\{u, v\} \subset A$

   e) $\emptyset \in A$

   f) $\emptyset \subset A$

4. Considera los conjuntos

$$V = \{d\}, \quad W = \{c, d\}, \quad X = \{a, b, c\}, \quad Y = \{a, b\}, \quad Z = \{a, b, d\}.$$

   Establece la veracidad de las siguientes afirmaciones.

$a)$ $Y \subset X$ $\qquad$ $c)$ $V \not\subset W$ $\qquad$ $e)$ $W \subset Y$

$b)$ $W \neq Z$ $\qquad$ $d)$ $V \not\subset Y$ $\qquad$ $f)$ $X \not\subset Z$

5. Determina el conjunto potencia de cada uno de los siguientes conjuntos.

$a)$ $\emptyset$ $\qquad$ $b)$ $\{a\}$ $\qquad$ $c)$ $\{a,b\}$ $\qquad$ $d)$ $\{\{a,b\},c\}$

2.2. Diagramas de Venn

Los **diagramas de Venn** proporcionan una representación gráfica de los conjuntos. En un diagrama de Venn, un rectángulo describe el conjunto universal (ver Figura 2.1).

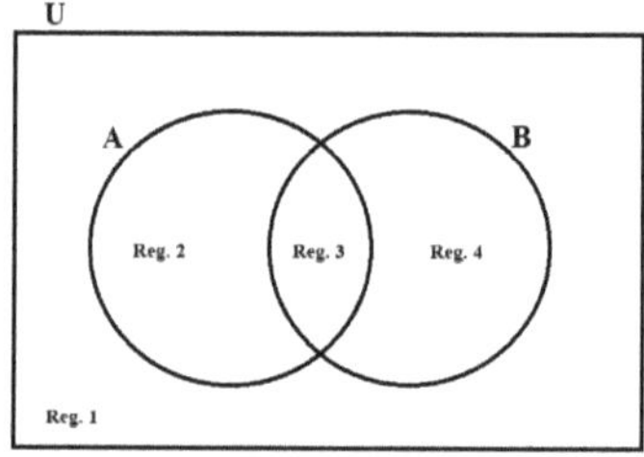

Figura 2.1: Ejemplo de diagrama de Venn.

Los subconjuntos del conjunto universal se dibujan como óvalos o círculos . El interior de un círculo representa los elementos de ese conjunto. En la Figura 2.1 se observan dos conjuntos A y B dentro del conjunto universal U. Podemos explicar cada región que observamos en la Figura 2.1, esto es, los elementos que no están en A ni en B están en la región 1. Los elementos que están en A pero no en B están en la región 2. La región 3 representa $A \cap B$, es decir, los elementos comunes a A y B. La región 4 comprende los elementos que están en B pero no en A.

También podemos representar gráficamente las operaciones entre conjuntos vistas en la sección anterior, en donde se sombrea la operación realizada en cada figura a continuación.

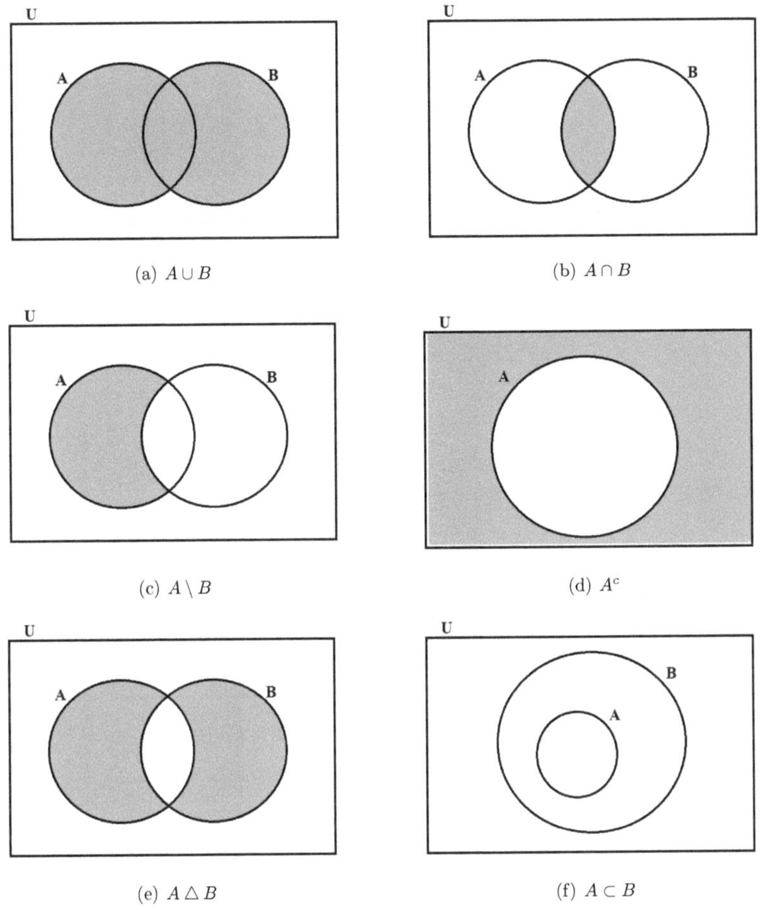

Figura 2.2: Diagramas de Venn de operaciones básicas entre conjuntos

Ejemplo 2.2.1. Establece el conjunto universal como $U = \{0, 1, 2, 3, 4, 5, 6, 7, 8, 9\}$, el conjunto $A = \{0, 1, 4, 7\}$, el conjunto $B = \{1, 2, 3, 4, 5\}$ y el conjunto $C = \{2, 4, 6, 8\}$. Realiza un diagrama de Venn para cada una de las siguientes operaciones entre estos conjuntos.

a) $A \cup B$.

c) $A \setminus B$.

e) $A \cap B \cap C$.

b) $B \cap C$.

d) $B \setminus A$.

f) $(A \cup B) \setminus C$.

Solución. Observamos en la Figura 2.3 la solución de las operaciones solicitadas en el ejemplo.

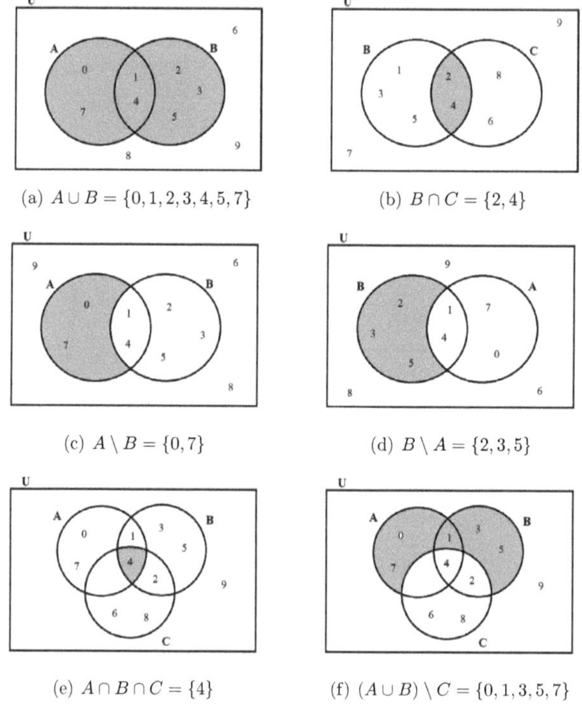

(a) $A \cup B = \{0, 1, 2, 3, 4, 5, 7\}$

(b) $B \cap C = \{2, 4\}$

(c) $A \setminus B = \{0, 7\}$

(d) $B \setminus A = \{2, 3, 5\}$

(e) $A \cap B \cap C = \{4\}$

(f) $(A \cup B) \setminus C = \{0, 1, 3, 5, 7\}$

Figura 2.3: Diagramas de Venn de operaciones básicas entre conjuntos.

2.2.1. Solución de problemas con ayuda de los diagramas de Venn

Los diagramas de Venn aparte de proporcionar una representación gráfica de conjuntos, son una herramienta visual muy importante para resolver problemas relacionados con conjuntos. Veamos a continuación algunos ejemplos.

Problema 2.2.2. De 34 programas revisados en programación C++, 23 marcaron error en la compilación, 12 tuvieron fallas en lógica y 5 en lógica y compilación.

a) ¿Cuántos programas tuvieron al menos un tipo de error?

b) ¿Cuántos programas tuvieron exactamente un solo tipo un error?

c) ¿Cuántos programas no tuvieron ninguno de estos errores?

Solución. Observemos que con la información proporcionada, podemos realizar un diagrama de Venn. Esto es, suponemos nuestro conjunto universal U como el total de los programas revisados, $|U| = 34$, definimos el conjunto A como el conjunto donde los programas tuvieron un error de compilación, $|A| = 23$, definimos el conjunto B, como el conjunto de programas que tuvieron fallas en lógica, $|B| = 12$ y podemos ver que $|A \cap B| = 5$, que son los programas que tuvieron error tanto en lógica como en compilación. Si colocamos está información en una diagrama de Venn obtenemos la Figura 2.4.

Sin pérdida de generalidad, cuando se trata de un problema donde todas las cantidades son cardinalidades de los conjuntos y no elementos, dejamos de colocar el símbolo de cardinalidad y se sobre entiende que hablamos de cantidades y no de elementos.

Por otra parte, es importante colocar la información de tal forma que concuerde con la dada, por ejemplo, si sumamos todas las cantidades que hay en el conjunto A conseguimos los 23 programas que debe tener, de igual forma en B sumando obtenemos que son 12 programas y en la intersección de los dos conjuntos, tenemos 5 programas, que fue la información dada. Adicional a ello, podemos colocar los programas que no sufrieron ninguno de estos dos errores,

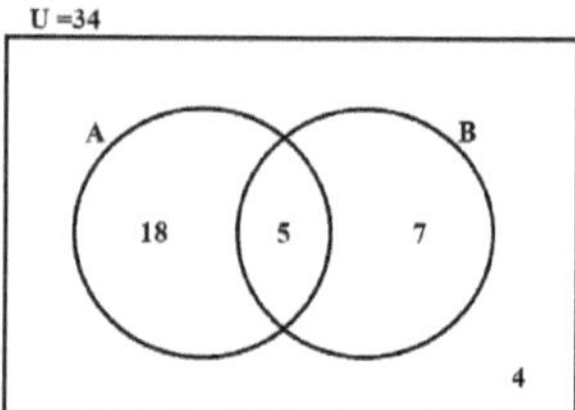

Figura 2.4: Diagrama de Venn con la información de la cardinalidad de los conjuntos del Problema 2.2.2.

que debería ir fuera de los dos conjuntos, y realizando la resta con el total de nuestro conjunto universal, logramos encontrar que serían 4 programas los que no están ni en A ni el B. Finalmente, si ya tenemos una buena representación de la información, podemos proceder a solucionar las preguntas hechas. Estas son:

a) ¿Cuántos programas tuvieron al menos un tipo de error?

Los programas que tuvieron al menos un tipo de error, son aquellos que tuvieron un error o los dos. Traducido a operaciones entre conjuntos sería $A \cup B$. Del diagrama podemos obtener fácilmente que $A \cup B = 18 + 5 + 7 = 30$, como se observa en la Figura 2.5. Por lo tanto, 30 programas tuvieron al menos un tipo de error.

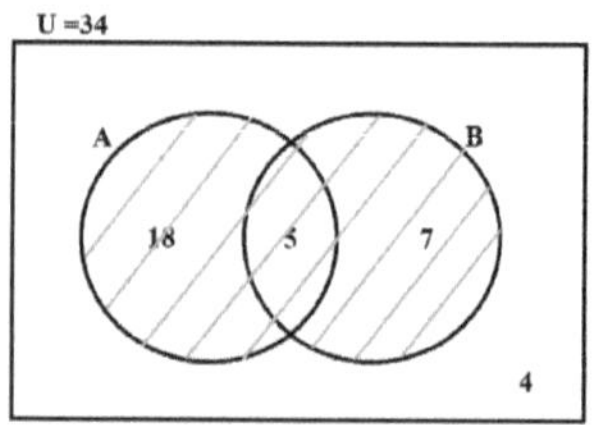

Figura 2.5: $A \cup B = 30$.

b) ¿Cuántos programas tuvieron exactamente un solo tipo un error?

Los programas que tuvieron exactamente un solo tipo de error son aquellos que están en A o en B pero no en ambos a la vez. Traduciendo a conjuntos sería $A \triangle B$. Del diagrama podemos obtener que $A \triangle B = 18 + 7 = 25$, como se observa en la Figura 2.6. Por lo tanto, 25 programas tuvieron exactamente un solo tipo de error.

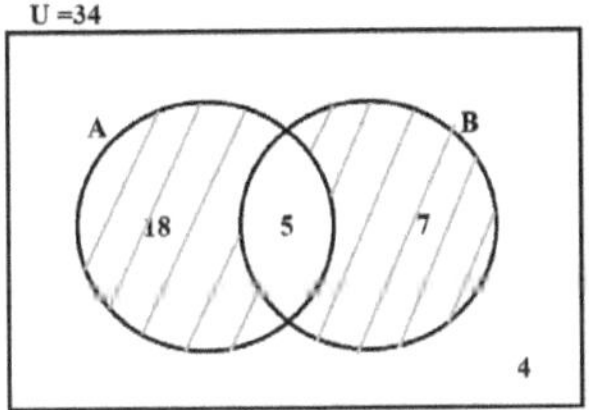

Figura 2.6: $A \triangle B = 25$.

c) ¿Cuántos programas no tuvieron ninguno de estos errores?

Los programas que no tuvieron ninguno de estos errores, son aquellos que no están ni A, ni en B. Traduciendo a operaciones entre conjuntos sería $(A \cup B)^c$. Del diagrama podemos obtener que $(A \cup B)^c = 4$, ver Figura 2.7. Por lo tanto, 4 programas no tuvieron ninguno de estos errores.

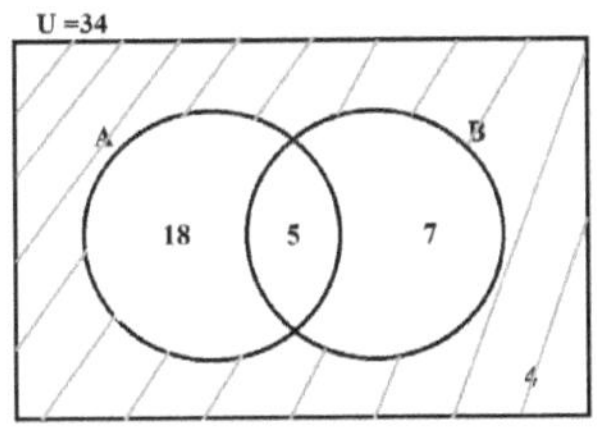

Figura 2.7: $(A \cup B)^c = 4$.

$\square$

Problema 2.2.3. En una escuela de 600 alumnos, 100 no estudian ningún idioma extranjero, 450 estudian francés y 50 estudian francés e inglés. ¿Cuántos estudian solo inglés?

Solución. Con la información proporcionada dibujemos un diagrama de Venn. Nuestro conjunto universal U es el total de alumnos en la escuela, $U = 600$ alumnos. Definimos el conjunto F como el conjunto de estudiantes que estudian francés, $F = 450$; el conjunto I como el conjunto de estudiantes que estudian inglés. Por lo tanto $F \cap I = 50$, que son los estudiantes que estudian francés e inglés. Además, tenemos 100 estudiantes que no estudian ninguno de estos idiomas, es decir, $(F \cup I)^c = 100$. Colocamos esta información en un diagrama de Venn, ver Figura 2.8.

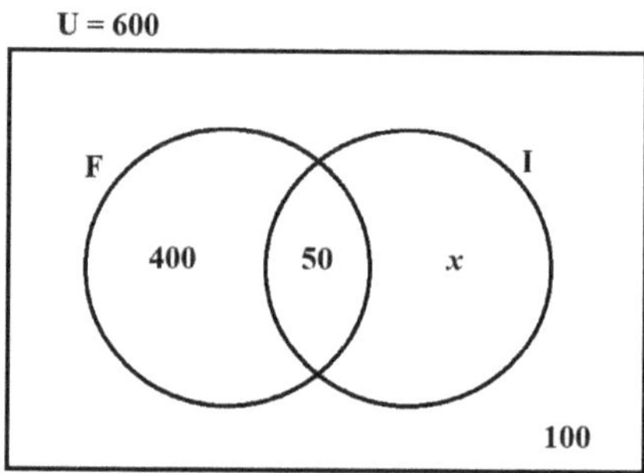

Figura 2.8: Información del Problema 2.2.3.

Observamos que en este problema no tenemos toda la información, como en el ejemplo anterior, pero por medio de operaciones básicas se podría obtener el valor faltante, el cual además es la solución a la pregunta planteada: ¿cuántos estudian solo inglés? Pasando la pregunta a operaciones entre conjuntos sería: $I \setminus F = x$.

Sabemos que la suma de la cardinalidad de todos los subconjuntos disjuntos dos a dos debe ser igual a la cardinalidad del conjunto universal. por lo tanto,

$$600 = 400 + 50 + x + 100,$$

despejando, obtenemos que $x = 50$. Por lo tanto $I \setminus F = 50$ es la cantidad de estudiantes que solo estudian inglés. $\qquad\square$

Problema 2.2.4. De 106 personas en una reunión Europea, se sabe que los que hablan solo italiano son tantos como los que hablan italiano y francés. Además se sabe que los que hablan solo francés es la quinta parte de los que hablan italiano. Si solo 10 personas de las presentes no hablan ninguno de estos dos idiomas, ¿cuántos hablan solo francés?

Solución. Con la información proporcionada dibujemos un diagrama de Venn. Nuestro conjunto universal U es el total de personas en dicha reunión, $U = 106$. Definimos el conjunto I como el conjunto de personas que hablan italiano y el conjunto F como el conjunto de personas que hablan francés. De la información dada tenemos que $I \setminus F = I \cap F = x$ y que $F \setminus I = \dfrac{2x}{5}$. Además, tenemos que 10 personas no hablan ninguno de estos idiomas, $(I \cup F)^c = 10$. Colocamos esta información en un diagrama de Venn, ver Figura 2.9.

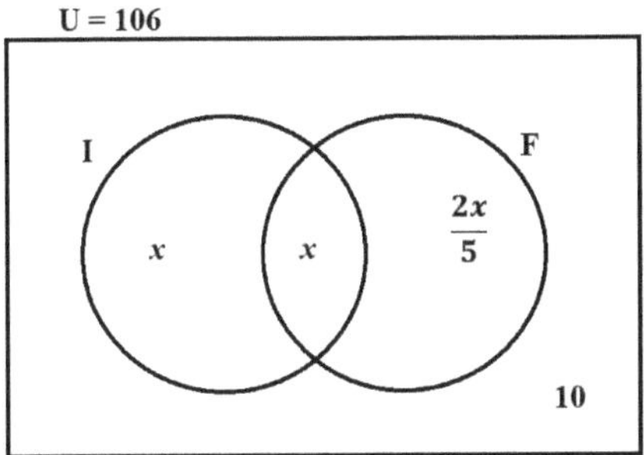

Figura 2.9: Información del Problema 2.2.4.

Nuevamente, recordando que la suma de la cardinalidad de todos los subconjuntos disjuntos dos a dos es igual a la cardinalidad del conjunto universal, obtenemos:

$$106 = x + x + \frac{2x}{5} + 10,$$

despejando, obtenemos que $x = 40$. Por lo tanto, las personas que solo hablan francés serían $\dfrac{2(40)}{5} = 16$ personas. $\qquad\square$

Problema 2.2.5. En una encuesta realizada en la ciudad de Cancún sobre los medios de transporte más utilizados entre el camión, combi o taxi, se obtuvieron los siguientes resultados: de los 320 encuestados, 195 utilizan el camión, 40 se desplazan en taxi, 150 van en combi, 80 se desplazan en camión y combi, además ninguno de los que se transporta en taxi utiliza camión o combi. Responde las siguientes preguntas.

a) ¿Cuántas personas utilizan solo la combi?

b) ¿Cuántas personas utilizan máximo 2 medios de transporte?

Solución. Con la información proporcionada dibujemos un diagrama de Venn. Nuestro conjunto universal U es el total de personas encuestadas, $U = 320$. Definimos el conjunto A como el conjunto de personas que utilizan el camión como medio de transporte, el conjunto B como el conjunto de personas que utilizan la combi como medio de transporte y el conjunto C al conjunto de personas que utilizan el taxi como medio de transporte. De la información dada tenemos que $A = 195$, $B = 150$, $C = 40$, $A \cap B = 80$ y $C \setminus (A \cup B) = 40$. Colocamos está información en un diagrama de Venn, ver Figura 2.10. Observemos que tenemos lugares

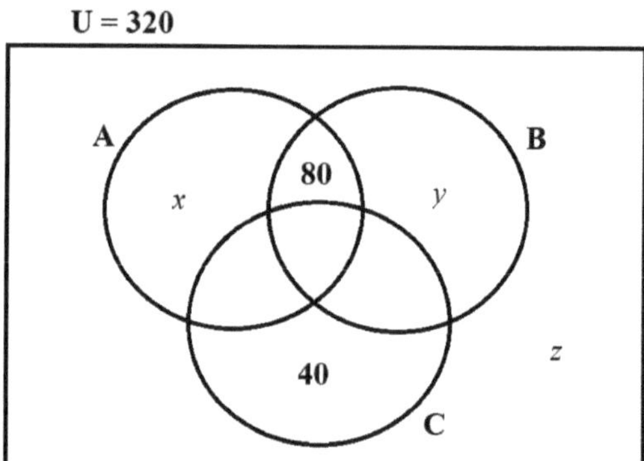

Figura 2.10: Información del Problema 2.2.5.

donde no podemos colocar un valor exacto con la información proporcionada, pero veamos que con operaciones entre conjuntos podremos conseguirla. De la información tenemos que $A = 195$, entonces conseguimos una primera ecuación $x + 80 = 195$, donde obtenemos que $x = 115$. Además, tenemos que $B = 150$, entonces conseguimos una segunda ecuación $y + 80 = 150$, donde obtenemos que $y = 70$. Finalmente para encontrar z, sabemos que la suma de todas las cardinalidades debe ser igual a la cardinalidad del conjunto universal, esto es, $320 = 115 + 80 + 70 + 40 + z$, de donde obtenemos que $z = 15$. Ahora ya podemos dar solución a las preguntas planteadas.

a) ¿Cuántas personas utilizan solo la combi?

Sería encontrar $B \setminus (A \cup C) = y$. Por lo tanto, 70 personas solo utilizan la cobi como medio de transporte.

b) ¿Cuántas personas utilizan mínimo un medio de transporte?

Sería encontrar $A \cup B \cup C = 305$. Por lo tanto, 305 personas utilizan como mínimo un medio de transporte.

$\square$

Problema 2.2.6. En una investigación hecha a un grupo de 100 pacientes, se encontró que: 28 tienen problemas pulmonares; 30 cardíacos; y 42 de diabetes; 8 pulmonares y cardíacos; 10 pulmonares y diabetes; 5 cardíacos y diabetes; 3 pacientes sufren los tres problemas.

a) ¿Cuántos pacientes no sufren ninguno de estos problemas de salud?

b) ¿Cuántos pacientes tiene como única enfermedad la diabetes?

c) ¿Cuántos pacientes tienen exactamente dos de estos problemas a la vez?

Solución. Con la información proporcionada dibujemos un diagrama de Venn. Nuestro conjunto universal U es el grupo de los 100 pacientes. Definimos el conjunto P como el conjunto de pacientes con problemas pulmonares; el conjunto C como el conjunto de pacientes con problemas cardiacos y el conjunto D al conjunto de pacientes con diabetes. De la información dada tenemos que $P = 28$, $C = 30$, $D = 42$, $P \cap C = 8$, $P \cap D = 10$, $C \cap D = 5$

y $P \cap C \cap D = 3$. Colocamos está información en un diagrama de Venn, ver Figura 2.11. Una sugerencia para este tipo de problemas es colocar primero la información de la triple intersección, luego realizar las restas necesarias para colocar las dobles intersecciones y por último realizar las restas necesarias para colocar la cantidad de cada conjunto, de tal forma que concuerde con la información dada. Ahora veamos como dar solución a las preguntas

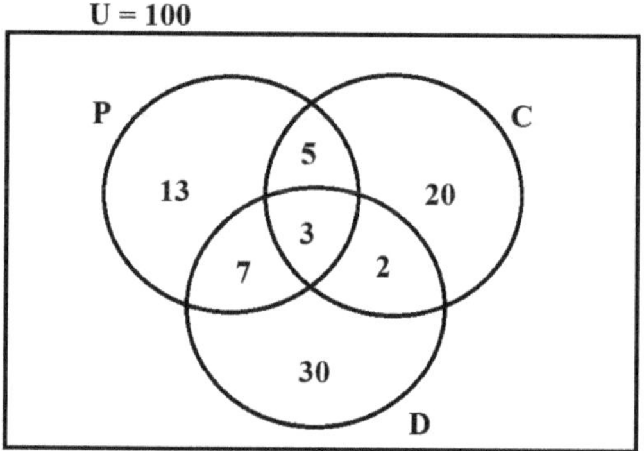

Figura 2.11: Información del Problema 2.2.6.

planteadas.

a) ¿Cuántos pacientes no sufren ninguno de estos problemas de salud?

Se necesita encontrar $(P \cup C \cup D)^c$. Sabemos que lo podemos encontrar con la propiedad de que la suma de todas las cardinalidades de los subconjuntos disjuntos dos a dos es igual a la cardinalidad del universal. Esto es, si suponemos que este complemento lo definimos como x, se tiene que:

$$100 = 13 + 7 + 3 + 5 + 2 + 30 + 20 + x,$$

y despejando encontramos que $x = 20$. Por lo tanto, la cantidad de pacientes que no sufren ninguno de estos problemas de salud es 20.

b) ¿Cuántos pacientes tiene como única enfermedad la diabetes?

Se necesita encontrar $D \setminus (P \cup C)$, del diagrama vemos que $D \setminus (P \cup C) = 30$, por lo tanto, son 30 pacientes los que tiene como única enfermedad la diabetes.

c) ¿Cuántos pacientes tienen exactamente dos de estos problemas a la vez?

Se necesita encontrar sólo las dobles intersecciones, esto es,

$$((P \cap C) \setminus D) \cup ((C \cap D) \setminus P) \cup (P \cap D) \setminus C).$$

Del diagrama vemos que:

$$((P \cap C) \setminus D) \cup ((C \cap D) \setminus P) \cup (P \cap D) \setminus C) = 5 + 2 + 7 = 14.$$

Por lo tanto, son 14 pacientes los que tienen exactamente dos de estos problemas.

$\square$

Problema 2.2.7. El departamento de Ciencias Básicas de la universidad cuenta con 800 estudiantes, por lo que decidió realizar un estudio sobre el número de estudiantes que durante el próximo semestre cursarán las asignaturas de Física, Cálculo y Probabilidad. A través de una encuesta, se obtuvieron los siguientes datos: Física 490, Cálculo 160 y Probabilidad 320. Física y Cálculo 90, Cálculo y Probabilidad 78, Física y Probabilidad 22. Además, se sabe que todos los estudiantes escogieron al menos una de las tres opciones. Con base en esta información, determinar la cantidad de los que:

a) cursarán las 3 asignaturas.

b) cursarán solo Probabilidad.

c) cursarán solo Física y Cálculo.

d) cursarán solo Física y Probabilidad.

Solución. Con la información proporcionada dibujemos un diagrama de Venn. Nuestro conjunto universal U es el grupo de los 800 estudiantes del departamento de Ciencias Básicas. Definimos el conjunto F como el conjunto de estudiantes que cursarán Física; el conjunto C como el conjunto de estudiantes que cursarán Cálculo y el conjunto P al conjunto de estudiantes que cursarán Probabilidad. De la información dada tenemos que $F = 490$, $C = 160$, $P = 320$, $F \cap C = 90$, $C \cap P = 78$, $F \cap P = 22$ y como se sabe que los estudiantes escogieron al menos una de las opciones, se tiene que $(F \cup C \cup P)^c = 0$. Colocamos está información en un diagrama de Venn, ver Figura 2.12.

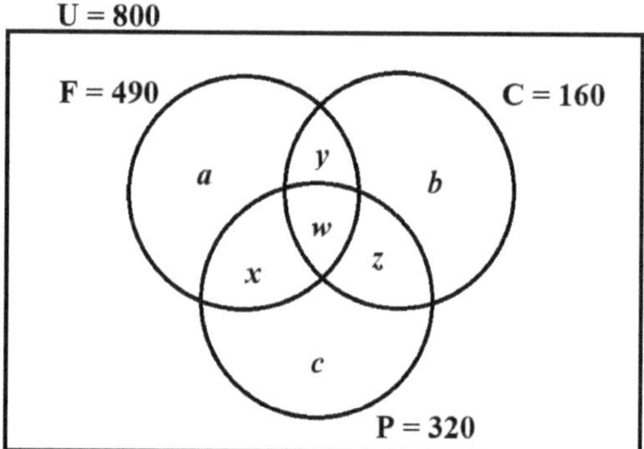

Figura 2.12: Información del Problema 2.2.7.

Ahora veamos cómo dar solución a las preguntas planteadas.

a) ¿Cuántos estudiantes cursarán las 3 asignaturas?

Debemos encontrar el valor de la variable w. Observemos que podemos construir las siguientes ecuaciones de las intersecciones dobles:

$$\begin{aligned}
y + w &= 90 \\
x + w &= 22 \\
z + w &= 78
\end{aligned}$$

Sumando estas tres ecuaciones obtenemos:

$$x + y + z + 3w = 190 \qquad (2.2.1)$$

Además, de la información de la cardinalidad de cada conjunto se obtienen las siguientes ecuaciones

$$\begin{aligned}
a + x + y + w &= 490 \\
b + y + z + w &= 160 \\
c + x + z + w &= 320
\end{aligned}$$

De igual forma, sumando estas tres ecuaciones, obtenemos:

$$a + b + c + 2x + 2y + 2z + 3w = 970 \qquad (2.2.2)$$

Por último, sumando la cardinalidad de todos los subconjuntos disjuntos del diagrama debemos obtener la cardinalidad del universal, esto es:

$$a + b + c + x + y + z + w = 800 \qquad (2.2.3)$$

Notemos que si restamos los términos de ecuación (2.2.2) menos los términos de ecuación (2.2.3), obtenemos:

$$x + y + z + 2w = 170 \qquad (2.2.4)$$

Ahora, si restamos los términos de ecuación (2.2.1) menos los términos de ecuación (2.2.4), obtenemos que $w = 20$. Por lo tanto, serán 20 estudiantes los que cursarán las tres asignaturas.

b) ¿Cuántos estudiantes cursarán solo Probabilidad.

Debemos encontrar el valor de la variable c. Sumando la los términos de la segunda y tercera ecuación que tienen la información de las intersecciones dobles, obtenemos:

$$x + z + 2w = 100, \qquad (2.2.5)$$

de donde $x+y = 60$. Y ahora reemplazamos estos valores en la ecuación de la cardinalidad del conjunto de Probabilidad, obtenemos que $c + 60 + 20 = 320$, por lo tanto, $c = 240$. Por lo tanto serán 240 los estudiantes que cursarán solo Probabilidad.

c) ¿Cuántos estudiantes cursarán solo Física y Cálculo?

Debemos encontrar el valor de la variable y. De la primera ecuación de la información de las intersecciones dobles, sabemos que $y + w = 90$, por lo tanto, $y = 70$. Por lo tanto serán 70 estudiantes los que cursarán solo Física y Cálculo.

d) ¿Cuántos estudiantes cursarán solo Física y Probabilidad?

Debemos encontrar el valor de la variable x. De la segunda ecuación de la información de las intersecciones dobles, sabemos que $x + w = 22$, por lo tanto $x = 2$. Por lo tanto serán 2 estudiantes los que cursarán solo Física y Probabilidad.

$\square$

2.2.2. Ejercicios

1. Un gerente de una empresa latinoamericana viaja mensualmente durante un año a Brasil o Argentina. Se sabe que 8 de sus viajes fueron a Argentina, 11 a Brasil y que viajó cada mes del año. Con base a esta información, contesta las siguientes preguntas:

   a) ¿Cuántos viajes hizo a ambos lugares?

   b) ¿Cuántos viajes hizo a un solo lugar?

2. En una encuesta realizada a 160 personas, se obtuvo que 94 tienen en su casa refrigerador, 115 tienen cocina a gas y 10 no tienen ninguno de los dos artefactos mencionados. Con base en esta información contesta las siguientes preguntas:

   a) ¿Cuántas personas tienen cocina a gas solamente?

   b) ¿Cuántas personas solo tienen refrigerador?

   c) ¿Cuántas personas tienen ambos artefactos?

3. En una encuesta realizada a 60 personas sobre el consumo de tres productos A, B, C se obtuvo que 7 personas consumen A y B pero no C; 6 consumen B y C pero no A; 3 consumen A y C pero no B; 50 consumen al menos uno de estos productos y

11 consumen el producto A y B. Can base es esta información contesta las siguientes preguntas:

a) ¿Cuántas personas consumen los tres productos?

b) ¿Cuántas personas no consumen ninguno de estos tres productos?

c) ¿Cuántas personas consumen solamente un producto?

4. Se sabe que en una encuesta sobre las preferencias de tres productos A, B y C; 22 prefieron A, 24 prefieren B y 20 prefieren C, si los que prefieren al menos un producto son 35 y los que prefieren solamente un producto son 5. Responde las siguientes preguntas:

a) ¿Cuántos prefieren solo dos productos?

b) ¿Cuántos prefieren los tres productos?

5. En una encuesta realizada a 221 empleados de una empresa sobre su preferencia de medio de transporte, se obtuvo la siguiente información: 75 empleados prefieren moto, 90 taxi y 153 bus. La cantidad de empleados que prefieren los tres medio de transporte es la tercera parte de los que prefieren solo moto, también, es la cuarta parte de los que prefieren solo taxi. El número de empleados que prefieren solo moto y taxi es $\frac{3}{10}$ de los que optan solo por bus. La cantidad de empleados que prefieren solo taxi y bus es $\frac{5}{4}$ de los que prefieren solo moto y bus. Responde las siguientes preguntas:

a) ¿Cuántos empleados prefieren los tres medios de transporte?

b) ¿Cuántos empleados prefieren solo dos medios de transporte entre los mencionados?

c) ¿Cuántos empleados prefieren solo uno de los medios de transporte mencionados?

d) ¿Cuántos empleados no prefieren ninguno de los tres medios de transporte mencionados?

2.3. Álgebra de conjuntos

Las propiedades que se trabajarán a continuación se conocen como **álgebra de conjuntos**.

Teorema 2.3.1. *Sea U un conjunto universal y sean A, B y C subconjuntos de U. Entonces se cumplen las siguientes propiedades.*

- *Leyes asociativas:*

$$
\begin{aligned}
(A \cup B) \cup C &= A \cup (B \cup C) \\
(A \cap B) \cap C &= A \cap (B \cap C)
\end{aligned}
\tag{2.3.1}
$$

- *Leyes conmutativas:*

$$
\begin{aligned}
A \cup B &= B \cup A \\
A \cap B &= B \cap A
\end{aligned}
\tag{2.3.2}
$$

- *Leyes distributivas:*

$$
\begin{aligned}
A \cap (B \cup C) &= (A \cap B) \cup (A \cap C) \\
A \cup (B \cap C) &= (A \cup B) \cap (A \cup C)
\end{aligned}
\tag{2.3.3}
$$

- *Leyes de identidad:*

$$
\begin{aligned}
A \cup \emptyset &= A \\
A \cap U &= A
\end{aligned}
\tag{2.3.4}
$$

- *Leyes de complemento:*

$$
\begin{aligned}
A \cup A^c &= U \\
A \cap A^c &= \emptyset
\end{aligned}
\tag{2.3.5}
$$

- *Leyes de idempotencia:*

$$
\begin{aligned}
A \cup A &= A \\
A \cap A &= A
\end{aligned}
\tag{2.3.6}
$$

- *Leyes de acotación:*

$$
\begin{aligned}
A \cup U &= U \\
A \cap \emptyset &= \emptyset
\end{aligned}
\tag{2.3.7}
$$

- *Leyes de absorción:*

$$A \cup (A \cap B) = A$$
$$A \cap (A \cup B) = A$$

$$(2.3.8)$$

- *Leyes 0/1.*

$$\emptyset^c = U$$
$$U^c = \emptyset$$

$$(2.3.9)$$

- *Leyes de De Morgan para conjuntos:*

$$(A \cup B)^c = A^c \cap B^c$$
$$(A \cap B)^c = A^c \cup B^c$$

$$(2.3.10)$$

A continuación realizaremos la demostración de algunas de estas propiedades.

Leyes distributivas:

$$A \cap (B \cup C) = (A \cap B) \cup (A \cap C)$$
$$A \cup (B \cap C) = (A \cup B) \cap (A \cup C)$$

Demostración. Iniciemos la demostración de la primera ecuación. Es importante tener en cuenta que, para probar que dos conjuntos son iguales, $A = B$, debemos probar la doble inclusión, esto es, $A \subseteq B$ y $B \subseteq A$. Por lo tanto:

i. Sea $x \in A \cap (B \cup C)$. Entonces $x \in A$ y $x \in (B \cup C)$. Es decir, $x \in A$ y $(x \in B$ o $x \in C)$. Ahora, si $x \in B$, estamos en el caso $x \in A$ y $x \in B$, y si $x \in C$ estamos en el caso $x \in A$ y $x \in C$. O sea $x \in (A \cap B)$ o $x \in (A \cap C)$. Por lo tanto, $x \in (A \cap B) \cup (A \cap C)$. De lo anterior tenemos que $A \cap (B \cup C) \subseteq (A \cap B) \cup (A \cap C)$.

ii. Sea $x \in (A \cap B) \cup (A \cap C)$. Entonces $x \in (A \cap B)$ o $x \in (A \cap C)$. Es decir, $(x \in A$ y $x \in B)$ o $(x \in A$ y $x \in C)$. En ambos casos, $x \in A$ y además, $x \in B$ o $x \in C$. Por lo tanto, $x \in A \cap (B \cup C)$. De lo anterior tenemos que $(A \cap B) \cup (A \cap C) \subseteq A \cap (B \cup C)$.

Finalmente de i. y ii. se logra concluir que $A \cap (B \cup C) = (A \cap B) \cup (A \cap C)$.

La demostración de la segunda ecuación es similar a la realizada y se dejará como ejercicio. $\square$

Leyes de De Morgan para conjuntos

$$(A \cup B)^c = A^c \cap B^c$$
$$(A \cap B)^c = A^c \cup B^c$$

Demostración. Iniciemos la demostración de la primera ecuación. Debemos probar la doble inclusión, esto es, $(A \cup B)^c \subseteq A^c \cap B^c$ y $A^c \cap B^c \subseteq (A \cup B)^c$. Por lo tanto:

i. Sea $x \in (A \cup B)^c$. Entonces, $x \notin (A \cup B)$, lo que implica que x no puede estar ni en A ni en B. Esto es, $x \notin A$ y $x \notin B$, por lo tanto, $x \in A^c \cap B^c$. De lo anterior tenemos que $(A \cup B)^c \subseteq A^c \cap B^c$.

ii. Sea $x \in A^c \cap B^c$. Entonces, $x \in A^c$ y $x \in B^c$, lo que implica que $x \notin A$ y $x \notin B$, por lo que $x \notin (A \cup B)$, que es equivalente a que $x \in (A \cup B)^c$. De lo anterior tenemos que $A^c \cap B^c \subseteq (A \cup B)^c$.

Finalmente de i, y ii. se logra concluir que $(A \cup B)^c = A^c \cap B^c$.

De igual forma, la demostración de la segunda ecuación es similar a la realizada y se dejará como ejercicio. $\square$

Todas las demás propiedades que no se han demostrado, se dejan como ejercicios para el lector. Ahora, de aquí en adelante, tomaremos las propiedades listadas como base para realizar cualquier ejercicio donde se requieran. Veamos algunos ejemplos de como utilizarlas.

Ejemplo 2.3.2. Prueba que $(A \setminus B) \cap (A \setminus C) = A \setminus (B \cup C)$.

Solución. Realizaremos la prueba mostrando paso a paso la justificación.

$(A \setminus B) \cap (A \setminus C)$	**Justificación**
$= (A \cap B^c) \cap (A \cap C^c)$	Diferencia, Definición 2.1.16.
$= (B^c \cap A) \cap (A \cap C^c)$	Ley conmutativa, ecuación (2.3.2).
$= B^c \cap (A \cap A) \cap C^c$	Ley asociativa, ecuación (2.3.1).
$= B^c \cap A \cap C^c$	Ley de idempotencia, ecuación (2.3.6).
$= A \cap B^c \cap C^c$	Ley conmutativa, ecuación (2.3.2).
$= A \cap (B \cup C)^c$	Ley de De Morgan, ecuación (2.3.10).
$= A \setminus (B \cup C)$	Diferencia, Definición 2.1.16.

$$\therefore (A \setminus B) \cap (A \setminus C) = A \setminus (B \cup C).$$

$\square$

Ejemplo 2.3.3. Prueba que $(A \cap B) \cup (A \setminus B) = A$

Solución. Realizaremos la prueba mostrando paso a paso la justificación.

$(A \cap B) \cup (A \setminus B)$	**Justificación**
$= (A \cap B) \cup (A \cap B^c)$	Diferencia, Definición 2.1.16.
$= A \cup (B \cap B^c)$	Ley distributiva, ecuación (2.3.3).
$= A \cup \emptyset$	Ley de complemento, ecuación (2.3.5)
$= A$	Ley de identidad, ecuación (2.3.4)

$$\therefore (A \cap B) \cup (A \setminus B) = A.$$

$\square$

Ejemplo 2.3.4. Prueba que $(A \cup B) \cup (A \cap (C \cup B)) = A \cup B$.

Solución. Realizaremos la prueba mostrando paso a paso la justificación.

$(A \cup B) \cup (A \cap (C \cup B))$ **Justificación**

$= ((A \cup B) \cup A) \cap ((A \cup B) \cup (C \cup B))$ Ley distributiva, ecuación (2.3.3).

$= ((B \cup A) \cup A) \cap ((A \cup B) \cup (B \cup C))$ Ley conmutativa, ecuación (2.3.2).

$= (B \cup (A \cup A)) \cap (A \cup (B \cup B) \cup C)$ Ley asociativa, ecuación (2.3.1).

$= (B \cup A) \cap (A \cup B \cup C)$ Ley de idempotencia, ecuación (2.3.6).

$= (A \cup B) \cap (A \cup B \cup C)$ Ley conmutativa, ecuación (2.3.2).

$= A \cup B$ Ley de absorción, ecuación (2.3.8).

$$\therefore (A \cup B) \cup (A \cap (C \cup B)) = A \cup B.$$

$\square$

Ejemplo 2.3.5. Prueba que $(((A \cup B) \cap C)^c \cup B^c)^c = B \cap C$.

Solución. Realizaremos la prueba mostrando paso a paso la justificación.

$(((A \cup B) \cap C)^c \cup B^c)^c$ **Justificación**

$= (((A \cup B) \cap C)^c)^c \cap (B^c)^c$ Ley de De Morgan, ecuación (2.3.10).

$= ((A \cup B) \cap C) \cap B$ Propiedad de doble complemento.

$= (A \cup B) \cap (C \cap B)$ Ley asociativa, ecuación (2.3.1).

$= (A \cup B) \cap (B \cap C)$ Ley conmutativa, ecuación (2.3.2).

$= ((A \cup B) \cap B) \cap C$ Ley asociativa, ecuación (2.3.1).

$= B \cap C$ Ley de absorción, ecuación (2.3.8).

$$\therefore (((A \cup B) \cap C)^c \cup B^c)^c = B \cap C.$$

$\square$

Ejemplo 2.3.6. Prueba que: $((A \setminus B) \cup (A \cap B))^c = A^c$.

Solución. Realizaremos la prueba mostrando paso a paso la justificación.

$((A \setminus B) \cup (A \cap B))^c$	**Justificación**
$= (A \setminus B)^c \cap (A \cap B)^c$	Ley de De Morgan, ecuación (2.3.10).
$= (A \cap B^c)^c \cap (A \cap B)^c$	Diferencia, Definición 2.1.16.
$= (A^c \cup (B^c)^c) \cap (A^c \cup B^c)$	Ley de De Morgan, ecuación (2.3.10).
$= (A^c \cup B) \cap (A^c \cup B^c)$	Propiedad de doble complemento.
$= A^c \cup (B \cap B^c)$	Ley distributiva, ecuación (2.3.3).
$= A^c \cup \emptyset$	Ley de complemento, ecuación (2.3.5).
$= A^c$	Ley de identidad, ecuación (2.3.4).

$$\therefore ((A \setminus B) \cup (A \cap B))^c = A^c.$$

$\square$

Ejemplo 2.3.7. Prueba que: $C \cup \left[(A \setminus (B \cap C)) \setminus ((B \cap C) \setminus A) \right] = A \cup C$.

Solución. Realizaremos la prueba mostrando paso a paso la justificación.

$C \cup \left[(A \setminus (B \cap C)) \setminus ((B \cap C) \setminus A) \right]$	**Justificación**
$= C \cup \left[(A \cap (B \cap C)^c) \setminus ((B \cap C) \cap A^c) \right]$	Diferencia, Definición 2.1.16.
$= C \cup \left[(A \cap (B \cap C)^c) \cap ((B \cap C) \cap A^c)^c \right]$	Diferencia, Definición 2.1.16.
$= C \cup \left[(A \cap (B \cap C)^c) \cap ((B \cap C)^c \cup (A^c)^c) \right]$	Ley de De Morgan, ecuación (2.3.10).
$= C \cup \left[(A \cap (B \cap C)^c) \cap ((B \cap C)^c \cup A) \right]$	Propiedad de doble complemento.
$= C \cup \left[(A \cap (B \cap C)^c) \cap (A \cup (B \cap C)^c) \right]$	Ley conmutativa, ecuación (2.3.1).
$= C \cup \left[A \cap (B \cap C)^c \right]$	Ley de absorción, ecuación (2.3.8).
$= C \cup \left[A \cap (B^c \cup C^c) \right]$	Ley de De Morgan, ecuación (2.3.10).
$= (C \cup A) \cap (C \cup (B^c \cup C^c))$	Ley distributiva, ecuación (2.3.3).
$= (C \cup A) \cap (C \cup (C^c \cup B^c))$	Ley conmutativa, ecuación (2.3.2).
$= (C \cup A) \cap (C \cup C^c) \cup B^c$	Ley asociativa, ecuación (2.3.1).
$= (C \cup A) \cap (U \cup B^c)$	Ley de complemento, ecuación (2.3.5).
$= (C \cup A) \cap U$	Ley de acotación, ecuación (2.3.7).
$= C \cup A$	Ley de identidad, ecuación (2.3.4).
$= A \cup C$	Ley conmutativa, ecuación (2.3.2).

$$\therefore C \cup \Big[(A \setminus (B \cap C)) \setminus ((B \cap C) \setminus A)\Big] = A \cup C.$$

$\square$

2.3.1. Ejercicios

Demuestra justificando paso a paso las siguientes proposiciones.

1. $A \setminus (B \cap C) = (A \setminus B) \cup (A \setminus C)$

2. $(A \cup B) \cap (A \cup B^c) \cap (A^c \cup B) = A \cap B$

3. $(A \cap (B \cap C^c)^c) \cup ((A^c \cup B^c) \cup C)^c = A$

4. $((A^c \cup B) \cap (B^c \cup A))^c \cup (A \cap B) = A \cup B$

5. Si $A \subseteq B$ y $A \cap D = \emptyset$, entonces $((A \cap D^c) \cap B^c) \cap (B \cup (A \setminus D)) = \emptyset$

6. $((A \cup B) \cup ((A^c \cap B) \cap (A \cap B))) \cup (A^c \cap B^c) \cup A = U$

7. $(A \setminus B) \setminus C = A \setminus (B \cup C)$

8. $(A \setminus (A \cap B)) \cup (B \setminus (A \cap B)) \cup (A \cap B) = A \cup B$

9. $(B \cup A) \cap (B^c \cap A^c)^c = A \cup B$

10. $(A \setminus (A \cup B)) \cup B = B$

11. $(A \setminus B) \cap B = \emptyset$

12. $A \cap (B \setminus C) = (A \cap B) \setminus (A \cap C)$

13. $[((A \setminus B) \cap B) \cap ((A \cup B) \cap C)]^c = U$

14. $(A \cap B) \cap (A \setminus B) = \emptyset$

15. $(A \cap B) \cup (A \setminus B) = A$

16. $(A \cup B) \cap (A \setminus B) = A \setminus B$

17. $A \cap (B \bigtriangleup C) = (A \cap B) \bigtriangleup (A \cap C)$

18. $(A \setminus B) \cup (A \cap B) \cup (B \setminus A) = A \cup B$

19. $A \setminus (B \setminus C) = A \cap (B^c \cup C)$

20. $A \cup (B \setminus C) = ((A \cup B) \setminus C) \cup (A \cap C)$

Capítulo 3

Relaciones

3.1. Definición de relación y propiedades

Definición 3.1.1. Diremos que una una **relación** S entre dos conjuntos X y Y es cualquier subconjunto $S \subseteq X \times Y$. Intuitivamente una relación establece una correspondencia entre los elementos de un conjunto X y los elementos de un conjunto Y.

Ejemplo 3.1.2. Supongamos que en una universidad, Isabel está tomando Electrónica y Prácticas, Felipe está tomando Cálculo, Estadística y Física, y Néstor está en Cálculo. Si $X = \{$ Isabel, Felipe, Néstor$\}$ y $Y = \{$Cálculo, Estadística, Física, Electrónica, Prácticas$\}$, entonces podemos pensar en relacionar a cada persona con los cursos que está tomando. En este caso S estaría dada por

$$S = \{(\text{Isabel}, \text{Electrónica}), (\text{Isabel}, \text{Prácticas}),$$

$$(\text{Felipe}, \text{Cálculo}), (\text{Felipe}, \text{Estadística}),$$

$$(\text{Felipe}, \text{Física}), (\text{Néstor}, \text{Cálculo})\} \subseteq X \times Y.$$

$\square$

Si $(x, y) \in S$, se escribe xSy, y se dice que x **está relacionado con** y.

Definición 3.1.3. Si $X = Y$, S se llama relación **sobre** X.

Definición 3.1.4. El conjunto $\{x \in X : (x, y) \in S \text{ para algún } y \in Y\}$ se llama **dominio** de S, y se denota por D_S.

Definición 3.1.5. El conjunto $\{y \in Y : (x, y) \in S \text{ para algún } x \in X\}$ se llama **rango** de S y se denota por R_S.

Ejemplo 3.1.6. Para ilustrar estos conceptos, notemos que el dominio de la relación S definida arriba es el conjunto $D_S = X$ (el conjunto de estudiantes), mientras que su rango es $R_S = Y$ (el conjunto de cursos). $\qquad\square$

Definición 3.1.7. Una **función** f de X en Y es una relación de X a Y que con la propiedad de que para cada $x \in D_f$, existe exactamente un $y \in Y$ tal que $(x, y) \in f$. Usualmente se representa una función como $f(x) = y$ para indicar que xfy.

Ejemplo 3.1.8. Considera los conjuntos $X = \{2, 3, 4\}$, $Y = \{3, 4, 5, 6, 7\}$ y la relación S_1 de X a Y definida como: xS_1y si y es el doble de x, $x \in X$, $y \in Y$. De manera explícita tenemos:

$$S_1 = \{(2, 4), (3, 6)\}.$$

Además S_1 es una función cuyo dominio es $D_{S_1} = \{2, 3\}$ (2 está relacionado solamente con 4 y 3 está relacionado solamente con 6) y cuyo rango es $R_{S_1} = \{4, 6\}$. En la notación usual de funciones tendríamos que $S_1(2) = 4$ y $S_1(3) = 6$. Por otra lado, considera la relación S_2 definida como: xS_2y si $x|y$. Explícitamente tenemos:

$$S_2 = \{(2, 2), (2, 4), (3, 3), (3, 6), (4, 4)\}.$$

Entonces S_2 no es una función, ya que $2S_24$ y $2S_26$, es decir, existe un elemento $x \in D_f$ que está relacionado con dos elementos distintos en Y. El dominio de S_2 es $D_{S_2} = X$ y su rango es $R_{S_2} = \{3, 4, 6\}$. $\qquad\square$

Ejemplo 3.1.9. Sea S la relación sobre $X = \{1, 2, 3, 4\}$ definida por $(x, y) \in S$ si $x \leq y$, $x, y \in X$. Explícitamente tenemos:

$$S = \{(1, 1), (1, 2), (1, 3), (1, 4), (2, 2), (2, 3), (2, 4), (3, 3), (3, 4), (4, 4)\}.$$

Entonces el dominio y rango de S son ambos iguales a X. Además S no es una función (por ejemplo, $2 \leq 2$ y $2 \leq 3$ lo que contradice la definición de función). $\qquad\square$

Una manera informativa de visualizar una relación sobre un conjunto X es dibujar su digráfica, la cual definimos a continuación.

Definición 3.1.10. Sea S una relación sobre X. La **digráfica** de S es un conjunto formado por los puntos de X llamados **vértices**, y un conjunto llamado **aristas dirigidas**, de tal forma que existe una arista dirigida que parte de x y llega y, $x, y \in S$, si y solo sí xSy.

Ejemplo 3.1.11. Veamos la digráfica del Ejemplo 3.1.9. En la Figura 3.1 se dibujaron cuatro vértices para representar los elementos del conjunto X. Si el elemento (x, y) está en la relación, se dibuja una flecha de x a y. En la Figura 3.1, se dibujaron aristas dirigidas para representar los miembros de la relación S de dicho ejemplo. Observa que un elemento de la forma (x, x) en una relación corresponde a una arista dirigida de x a x. Tales aristas se llaman **lazos**. Existe un lazo en todos los vértices de la Figura 3.1.

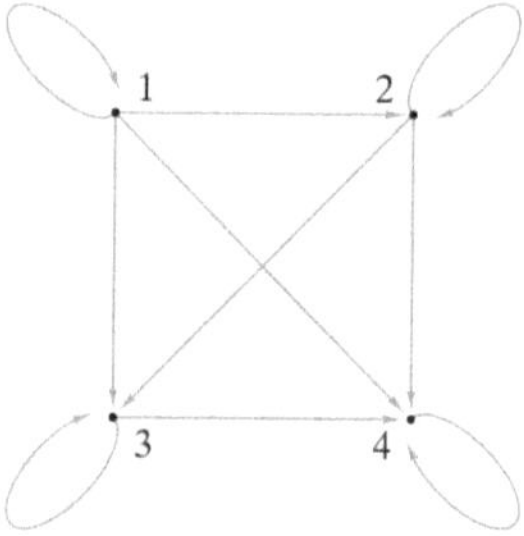

Figura 3.1: Digráfica de la relación S del Ejemplo 3.1.9.

$\square$

Ejemplo 3.1.12. La relación S sobre $X = \{a, b, c, d\}$ dada por la digráfica de la Figura 3.2 es $S = \{(a, a), (b, c), (c, b), (d, d)\}$. Observa que no se establece un lazo para el vértice b (bSc y cSb no implica necesariamente que bSb). Por último, observa que S es una función.

$\square$

Definición 3.1.13. Una relación S en un conjunto X se llama **reflexiva** si $(x, x) \in S$ para todo $x \in X$.

Figura 3.2: Digráfica de la relación S del Ejemplo 3.1.12.

Ejemplo 3.1.14. La relación S sobre $X = \{1, 2, 3, 4\}$ definida por $(x, y) \in S$ si $x \leq y$, $x, y \in X$, es reflexiva porque para cada elemento $x \in X$, $(x, x) \in S$; en particular, $(1, 1)$, $(2, 2)$, $(3, 3)$ y $(4, 4)$ están en S. La digráfica de una relación reflexiva tiene un lazo en cada vértice. Observa que la digráfica de esta relación (Figura 3.1) tiene un lazo en cada vértice.□

Ejemplo 3.1.15. La relación $S = \{(a, a), (b, c), (c, b), (d, d)\}$ sobre $X = \{a, b, c, d\}$ no es reflexiva. Por ejemplo, $b \in X$, pero $(b, b) \notin S$. El hecho de que esta relación no sea reflexiva también se observa en su digráfica (Figura 3.2); el vértice b no tiene lazo, o el vértice c tampoco tiene lazo. □

Definición 3.1.16. Una relación S sobre un conjunto X se llama **simétrica** si para cualesquiera $x, y \in X$, si $(x, y) \in S$, entonces $(y, x) \in S$.

Ejemplo 3.1.17. La relación $S = \{(a, a), (b, c), (c, b), (d, d)\}$ sobre $X = \{a, b, c, d\}$ es simétrica porque para cualesquiera x, y, si $(x, y) \in S$, entonces $(y, x) \in S$. Por ejemplo, $(b, c) \in S$ y $(c, b) \in S$. La digráfica de una relación simétrica tiene la propiedad de que siempre que existe una arista dirigida de v a w, también existe una arista dirigida de w a v. Nota que la digráfica de la relación (Figura 3.2) cumple esta propiedad. □

Ejemplo 3.1.18. La relación S sobre $X = \{1, 2, 3, 4\}$ definida por $(x, y) \in S$ si $x \leq y$, $x, y \in X$, no es simétrica. Por ejemplo, $(2, 3) \in S$, pero $(3, 2) \notin S$. La digráfica de esta relación (Figura 3.1) tiene una arista dirigida de 2 a 3, pero no de 3 a 2. □

74

Definición 3.1.19. Una relación S en un conjunto X se llama **antisimétrica** si para cualesquiera $x, y \in X$, si $(x, y) \in S$ y $x \neq y$, entonces $(y, x) \notin S$.

Ejemplo 3.1.20. La relación S sobre $X = \{1, 2, 3, 4\}$ definida por $(x, y) \in S$ si $x \leq y$, $x, y \in X$, es antisimétrica porque para cualesquiera $x, y \in X$, si $(x, y) \in S$ y $x \neq y$, entonces $(y, x) \notin S$. Por ejemplo, $(1, 2) \in S$, pero $(2, 1) \notin S$. La digráfica de una relación antisimétrica tiene la propiedad de que entre cualesquiera dos vértices existe a lo sumo una arista dirigida. Observa que la digráfica de esta relación (Figura 3.1) cumple esta propiedad. $\square$

Ejemplo 3.1.21. La relación $S = \{(a, a), (b, c), (c, b), (d, d)\}$ sobre $X = \{a, b, c, d\}$ no es antisimétrica porque (b, c) y (c, b) están ambos en S. Observa que en la digráfica de esta relación (Figura 3.2) hay dos aristas dirigidas entre b y c. $\square$

Observación 3.1.22. Si la relación no tiene miembros de la forma (x, y), $x \neq y$, entonces si $(x, y) \in S$ y $x \neq y$, entonces $(y, x) \notin S$ es por vacuidad cierto para cualesquiera $x, y \in X$ (ya que $(x, y) \in S$ y $x \neq y$ es falsa para cualesquiera $x, y \in X$). Por lo tanto, si una relación S no tiene miembros de la forma (x, y), $x \neq y$, entonces S es antisimétrica. Por ejemplo, $S = \{(a, a), (b, b), (c, c)\}$ sobre $X = \{a, b, c\}$ es antisimétrica. La digráfica de S mostrada en la Figura 3.3 tiene a lo sumo una arista dirigida entre cada par de vértices. Note que S también es reflexiva y simétrica. Este ejemplo muestra que "antisimétrica" no es lo mismo que "no simétrica" porque esta relación, de hecho, es simétrica y antisimétrica.

Figura 3.3: Digráfica de la relación S de la Observación 3.1.22.

Definición 3.1.23. Una relación S en un conjunto X se llama **transitiva** si para cualesquiera $x, y, z \in X$, si $(x, y), (y, z) \in S$, entonces $(x, z) \in S$.

Ejemplo 3.1.24. La relación S sobre $X = \{1, 2, 3, 4\}$ definida por $(x, y) \in S$ si $x \leq y$, $x, y \in X$, es transitiva porque para cualesquiera x, y, z, si (x, y) y $(y, z) \in S$, entonces

$(x, z) \in S$. Para verificar de manera formal que esta relación satisface la Definición 3.1.23, se pueden listar todos los pares de la forma $(x, y), (y, z)$ en S y comprobar que en cada caso $(x, z) \in S$, tal como se indica en la Tabla 3.1.

Pares de la forma			Pares de la forma		
(x, y)	(y, z)	(x, z)	(x, y)	(y, z)	(x, z)
(1,1)	(1,1)	(1,1)	(2,2)	(2,2)	(2,2)
(1,1)	(1,2)	(1,2)	(2,2)	(2,3)	(2,3)
(1,1)	(1,3)	(1,3)	(2,2)	(2,4)	(2,4)
(1,1)	(1,4)	(1,4)	(2,3)	(3,3)	(2,3)
(1,2)	(2,2)	(1,2)	(2,3)	(3,4)	(2,4)
(1,2)	(2,3)	(1,3)	(2,4)	(4,4)	(2,4)
(1,2)	(2,4)	(1,4)	(3,3)	(3,3)	(3,3)
(1,3)	(3,3)	(1,3)	(3,3)	(3,4)	(3,4)
(1,3)	(3,4)	(1,4)	(3,4)	(4,4)	(3,4)
(1,4)	(4,4)	(1,4)	(4,4)	(4,4)	(4,4)

Cuadro 3.1: Todos los casos de transitividad de Ejemplo 3.1.24.

Como puede observarse, no es necesario considerar algunos elementos de la tabla anterior. Si $x = y$ o $y = z$, no se necesita una verificación explícita de que la condición si $(x, y), (y, z) \in S$, entonces $(x, z) \in S$ se satisface, ya que será verdadera de modo automático.

Supón, por ejemplo, que $x = y$, y $(x, y), (y, z) \in S$. Como $x = y$, $(x, z) = (y, z) \in S$ y la condición se cumple. Supón ahora que $y = z$, y $(x, y), (y, z) \in S$. Como $y = z$, $(x, z) = (x, zy) \in S$ y la condición se cumple. Al eliminar los casos $x = y$ o $y = z$ sólo los casos que deben comprobarse de manera explícita para verificar que la relación es transitiva se indican en la Tabla 3.2:

La digráfica de una relación transitiva tiene la propiedad de que siempre que haya aristas dirigidas de x a y y de y a z, también habrá una arista dirigida de x a z. Observa que la digráfica de esta relación (Figura 3.1) tiene esta propiedad. $\qquad\square$

Pares de la forma		
(x, y)	(y, z)	(x, z)
(1,2)	(2,3)	(1,3)
(1,2)	(2,4)	(1,4)
(1,3)	(3,4)	(1,4)
(2,3)	(3,4)	(2,4)

Cuadro 3.2: Únicos casos de transitividad de Ejemplo 3.1.24.

Ejemplo 3.1.25. La relación $S = \{(a, a), (b, c), (c, b), (d, d)\}$ sobre $X = \{a, b, c, d\}$ no es transitiva. Por ejemplo, (b, c) y (c, b) están en S, pero (b, b) no está en S. Observa que en la digráfica de esta relación (Figura 3.2) hay aristas dirigidas de b a c y de c a b, pero no hay una arista dirigida de b a b. $\qquad\qquad\square$

Las relaciones resultan útiles para ordenar los elementos de un conjunto. Por ejemplo, la relación S definida en el conjunto de enteros por $(x, y) \in S$ si $x \leq y$, $x, y \in \mathbb{Z}$ ordena los enteros. Observa que S es reflexiva, antisimétrica y transitiva. Este tipo de relación se llama orden parcial.

Definición 3.1.26. Una relación S sobre un conjunto X se llama **orden parcial** si S es reflexiva, antisimétrica y transitiva.

Ejemplo 3.1.27. La relación S definida en los enteros positivos por $(x, y) \in S$ si $x|y$ es reflexiva, antisimétrica y transitiva (¡compruébalo!). Por lo tanto, S es un orden parcial. $\square$

Si S es un orden parcial en un conjunto X, la notación $x \preceq y$ se usa algunas veces para indicar que $(x, y) \in S$. Esta notación sugiere que estamos interpretando la relación como una ordenación de los elementos de X.

Supón que S es una relación de orden parcial en un conjunto X. Si $x, y \in X$ y ya sea $x \preceq y$ o $y \preceq x$, se dice que x y y son **comparables**. Si ni $x \npreceq y$ ni $y \npreceq x$, se dice que x y y son **incomparables**. Si todo par de elementos de X es comparable, se dice que S es un **orden total**. La relación menor o igual en los enteros positivos es de orden total, puesto que si

x y y son enteros, $x \leq y$ o bien $y \leq x$. La razón para el término "orden parcial" es que, en general, algunos elementos de X pueden ser incomparables. La relación "divide" en los enteros positivos (ver el Ejemplo 3.1.27) tiene elementos comparables e incomparables. Por ejemplo, 2 y 3 son incomparables (porque 2 no divide a 3 y 3 no divide a 2), pero 3 y 6 son comparables (ya que 3 divide a 6).

Dada una relación S de X a Y, es posible definir una relación de Y a X invirtiendo el orden de cada par ordenado en S. La relación inversa generaliza la función inversa. La definición formal es la siguiente.

Definición 3.1.28. Sea S una relación de X a Y. La **relación inversa** de S, denotada por S^{-1}, es la relación de Y a X definida por

$$S^{-1} = \{(y, x) : (x, y) \in S\}.$$

Ejemplo 3.1.29. Si se define una relación S de $X = \{2, 3, 4\}$ a $Y = \{3, 4, 5, 6, 7\}$ por $(x, y) \in S$ si $x \mid y$, se obtiene $S = \{(2, 4), (2, 6), (3, 3), (3, 6), (4, 4)\}$. La relación inversa es $R^{-1} = \{(4, 2), (6, 2), (3, 3), (6, 3), (4, 4)\}$. En palabras, esta relación se describe como "es divisible entre". $\square$

Si se tiene una relación S_1 de X a Y y una relación S_2 de Y a Z, se puede formar la composición de las relaciones aplicando primero la relación S_1 y después la relación S_2. La composición de las relaciones generaliza la composición de funciones. La definición formal es la siguiente.

Definición 3.1.30. Sea S_1 una relación de X a Y y S_2 una relación de Y a Z. La **composición** denotada por $S_2 \circ S_1$, es la relación de X a Z definida por

$$S_2 \circ S_1 = \{(x, z) : \exists y \in Y, (x, y) \in S_1 \wedge (y, z) \in S_2\}.$$

Ejemplo 3.1.31. Considera las relaciones $S_1 = \{(1, 2), (1, 6), (2, 4), (3, 4), (3, 6), (3, 8)\}$ y $S_2 = \{(2, 3), (4, 5), (4, 6), (6, 7), (8, 9)\}$. Entonces

$$S_2 \circ S_1 = \{(1, 3), (1, 7), (2, 5), (2, 6), (3, 5), (3, 6), (3, 7), (3, 9)\}.$$

Por otro lado, observa que

$$S_1 \circ S_2 = \{(2,4), (2,6), (2,8)\}.$$

Esto permite concluir que la composición de relaciones en general no es **conmutatitva**, es decir, $S_1 \circ S_2 \neq S_2 \circ S_1$, como lo ilustró este ejemplo. $\qquad\square$

Ejemplo 3.1.32. Nota que S_1 es una relación de X a Y y S_2 es una relación de Y a Z, entonces no necesariamente $S_1 \circ S_2$ está definida, aunque $S_2 \circ S_1$ siempre está definida. Por ejemplo, si $S_1 = \{(1,1), (2,2), (3,3)\}$ y $S_2 = \{(1,4), (2,5), (3,6)\}$, entonces $(1,4) \in S_2$ y sin embargo no existen elementos de la forma $(4,y)$ en S_1, con $y \in Y$. Por lo tanto $S_1 \circ S_2$ no está definida. Por otra lado, $S_2 \circ S_1 = \{(1,4), (2,5), (3,6)\}$. lo cual indica que $S_2 \circ S_1$ está definida. Nota finalmente que en general una composición $S \circ T$ está definida siempre que $R_T \subseteq D_S$. $\qquad\square$

3.1.1. Ejercicios

1. Determina una relación correspondiente con cada una de las siguientes digráficas.

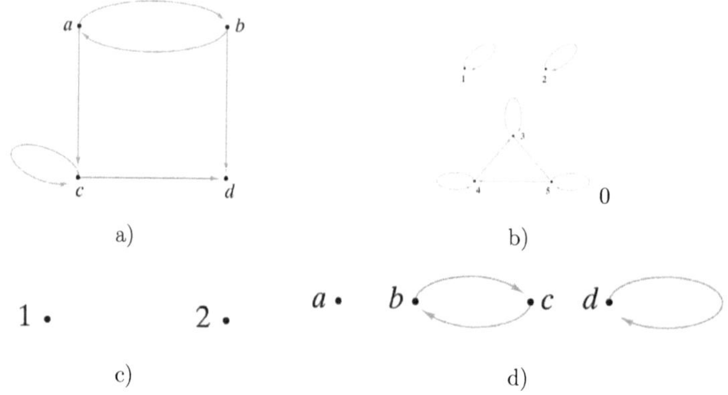

a)

b)

c)

d)

2. Considera la relación S definida sobre $\{1,2,3,4\}$ como: xSy si $y \geq x^2$, $x,y \in X$. Determina lo siguiente.

a) El dominio de S.

b) El rango de S.

c) La representación explícita de S como conjunto.

3. Para cada una de las siguientes situaciones responde: ¿Es S reflexiva? ¿Es S simétrica? ¿Es S antisimétrica? ¿Es S transitiva? ¿Es S un orden parcial? ¿Es S un orden total? Lista los elementos de S. Lista los elementos de S^{-1}. Encuentra el dominio de S. Encuentra el rango de S. Encuentra el dominio de S^{-1}. Encuentra el rango de S^{-1}. Determina, de ser posible, la partición $P = \{[a] : a \in X\}$.

a) Sea $X = \{0, 1, 2, 3, 4, 5\}$. Considera sobre X la relación S dada por: xSy si $3|(x-y)$, $x, y \in X$.

b) Sea $X = \{1, 2, 3, 4, 5\}$. Considera sobre X la relación S dada por: xSy si $x+y \leq 6$, $x, y \in X$.

c) Sea $X = \{1, 2, 3, 4, 5\}$. Considera sobre X la relación S dada por: xSy si $x = y-1$, $x, y \in X$.

d) Sea $X = \{1, 2, \ldots\}$. Considera sobre X la relación S dada por: xSy si $3|(x + 2y)$, $x, y \in X$.

e) Sea $X = \{1, 2, \ldots\}$. Considera sobre X la relación S dada por: xSy si $x \geq y$, $x, y \in X$.

4. Sea Y un conjunto no vacío y sea $X = \mathcal{P}(Y)$. Considera sobre X la relación S dada por: ASB si $A \subseteq B$, $A, B \in X$. ¿Es S reflexiva? ¿Es S simétrica? ¿Es S antisimétrica? ¿Es S transitiva? ¿Es S un orden parcial? ¿Es S un orden total?

5. Sean S_1 y S_2 las relaciones en $X = \{1, 2, 3, 4\}$ dadas por $S_1 = \{(1, 1), (1, 2), (3, 4), (4, 2)\}$ y $S_2 = \{(1, 1), (2, 1), (3, 1), (4, 4), (2, 2)\}$.

a) Determina $S_1 \circ S_2$.

b) Determina $S_2 \circ S_1$.

c) Determina $S_1 \circ S_1^{-1}$.

d) Determina $S_1^{-1} \circ S_1$.

e) Determina $S_2 \circ S_2^{-1}$.

f) Determina $S_2^{-1} \circ S_2$.

6. Considera el conjunto $X = \{1, 2, 3, 4\}$. Encuentra para cada inciso, una relación que cumpla las propiedades especificadas.

   a) Reflexiva, simétrica, y no transitiva.

   b) Reflexiva, antisimétrica y no transitiva.

   c) No reflexiva, simétrica, no antisimétrica y transitiva.

   d) No reflexiva, no simétrica, y transitiva.

3.2. Relaciones de equivalencia

Supón que se tiene un conjunto X de 10 dados, cada uno de los cuales es rojo, azul o verde. Si se dividen los dados en los conjuntos R, A y V de acuerdo con el color, la familia $P = \{R, A, V\}$ es una partición de X, es decir, cada dado pertenece a único elemento de P (o en otras palabras, los elementos de F son disjuntos dos a dos) y la unión de los elementos de P es X, o en símbolos, $R \cup A \cup V = X$.

Definición 3.2.1. Una **partición** de un conjunto X es una colección P de subconjuntos de X tales que para cualesquiera $A, B \in P$ se cumple que:

$$A \cap B = \emptyset \quad \text{y} \quad \bigcup_{A \in P} A = X$$

Una partición es útil para definir una relación. Si P es una partición de X, se puede definir una relación S tal que xSy significa que para algún conjunto $A \in P$, tanto x como y pertenecen a A. En lenguaje de conjuntos, esto se escribe como: sea P una partición de X, entonces

$$S = \{(x, y) : \exists A \in P, x, y \in A\}$$

define una relación sobre X. Para el ejemplo de los dados, la relación obtenida se describe como "es del mismo color que". El siguiente teorema muestra que este tipo de relación siempre es reflexiva, simétrica y transitiva.

Teorema 3.2.2. *Sea P una partición de un conjunto X. Sea S la relación sobre X definida como xSy si para algún conjunto $A \in P$, $x, y \in A$. Entonces S es reflexiva, simétrica y transitiva.*

Demostración. Sea $x \in X$. Por definición de partición, $x \in A$, para algún conjunto $A \in P$. Entonces, xSx y así S es reflexiva. Supongamos que xSy. Entonces por definición de S, $x, y \in A$ algún conjunto $A \in P$. Como ambos y y x pertenecen a A, ySx y así S es simétrica. Por último, supongamos que xSy y ySz. Entonces ambos $x, y \in A$, para algún conjunto $A \in P$ y además $y, z \in B$ para algún conjunto $B \in P$. Así, $y \in A$ y $y \in B$, lo que implica que $y \in A \cap B$, de donde se conluye que $A = B$ (si fueran diferentes, entonces $A \cap B$ sería no vacío lo que contradice el hecho que P es una partición de X). Por lo tanto $x, y, z \in A$, y así xSz y S es transitiva. $\qquad\square$

Ejemplo 3.2.3. Considera la partición $P = \{\{1, 3, 5\}, \{2, 4\}, \{4\}\}$ de $X = \{1, 2, 3, 4, 5, 6\}$. Encuentra la relación S definida sobre X, dado por el Teorema 3.2.2.

Solución. Tenemos que S está dada por

$$S = \{(1, 1), (1, 3), (1, 5), (3, 1), (3, 3), (3, 5), (5, 1),$$
$$(5, 3), (5, 5), (2, 2), (2, 6), (6, 2), (6, 6), (4, 4)\}.$$

$$\square$$

Sean P y S como en el Teorema 3.2.2. Si $A \in P$, los miembros de A se pueden ver como equivalentes en el sentido de la relación S, que es la motivación para llamar relaciones de equivalencia a las relaciones que son reflexivas, simétricas y transitivas. En el ejemplo de los dados al inicio de esta sección, se tiene la relación "es del mismo color que"; en este sentido, equivalente significa "es del mismo color que". Cada conjunto en la partición consiste de todos los dados de un color en particular.

Definición 3.2.4. Una relación que es reflexiva, simétrica y transitiva sobre un conjunto X se llama **relación de equivalencia** sobre X.

En el contexto del Teorema 3.2.2, decimos que S es la **relación de equivalencia generada** por la partición P sobre X.

Ejemplo 3.2.5. La relación S definida sobre $X = \{1, 2, 3, 4, 5, 6\}$ dada en el Ejemplo 3.2.3 es una relación de equivalencia. Su digráfica se muestra en la Figura 3.4. De nuevo, se observa

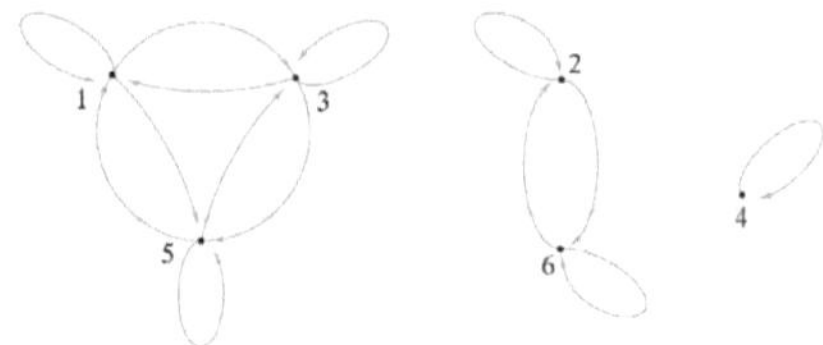

Figura 3.4: Digráfica de la relación de equivalencia S de la Ejemplo 3.2.3

que S es reflexiva (hay un lazo en cada vértice), simétrica (para toda arista dirigida de v a w, también existe una arista dirigida de w a v), y transitiva (si hay una arista dirigida de x a y y una arista dirigida de y a z, existe una arista dirigida de x a z). $\qquad\square$

Ejemplo 3.2.6. Sea $X = \mathbb{Z}$. Define sobre X la relación $S = \{(x, y) : 2|(x - y)\}$. ¿Es S una relación de equivalencia sobre $\mathbb{Z}$?

Solución. Observa que del hecho que $2|0$ se sigue que para todo $x \in \mathbb{Z}$, $2|(x - x)$, y así S es reflexiva. Además, si $x, y \in \mathbb{Z}$ son tales que $2|(x - y)$, entonces $2| - (y - x)$ y así $2|(y - x)$; esto implica que si $(x, y) \in S$, entonces $(y, x) \in S$ y así, S es simétrica. Por último, sean $x, y, z \in \mathbb{Z}$ tales que $2|(x - y)$ y $2|(y - z)$. Entonces existen $k_1, k_2 \in \mathbb{Z}$ tales que $x - y = 2k_1$ y $y - z = 2k_2$. Sumando término a término obtenemos que $x - z = 2(x_1 + k_2)$, es decir, $2|(x - z)$. Por lo tanto, si $(x, y), (y, z) \in S$, entonces $(x, z) \in \mathbb{Z}$. De lo anterior concluimos que S es una relación de equivalencia sobre $\mathbb{Z}$. $\qquad\square$

Ejemplo 3.2.7. Sea $A = \{x : \exists k \in \mathbb{Z}, x = 2k\}$ $B = \{x : \exists k \in \mathbb{Z}, x = 2k + 1\}$. Considera $X = \mathbb{Z}$.

a) Demuestra que $P = \{A, B\}$ es una partición de X.

b) Encuentra la relación de equivalencia generada por P sobre X (es decir, la realción dada por el Teorema 3.2.2) y demuestra que esta es igual a la relación S del Ejemplo 3.2.6.

Solución.

a) Es claro que $A \cup B = \mathbb{Z}$ ya que en A se encuentran todos los números pares y en B todos los números impares. Ahora veamos que $A \cap B = \emptyset$; en efecto, si $x \in A$ y $x \in B$, entonces existen $k_1, k_2 \in \mathbb{Z}$ tales que $x = 2k_1 = 2k_2 + 1$ pero esto es imposible, ya que ello implicaría que $2|1$. Por lo tanto no exite elemento común entre A y B. De lo anterior concluimos que $P = \{A, B\}$ es una partición de X.

b) Sea S_1 la relación de equivalencia dada por el Teorema 3.2.2 y sea S la relación de equivalencia del Ejemplo 3.2.6; esto es, $(x, y) \in S_1$ es equivalente a que exista un conjunto en partición P al que pertenecen tanto x como y. Demostraremos que $S_1 = S$. Procedamos primero a demostrar que $S_1 \subseteq S$. Sea $(x, y) \in S_1$. Como P solo consta de dos conjuntos, podemos analizar ambos casos:

Caso 1: Supongamos que $x, y \in A$. Entonces existen $k_1, k_2 \in \mathbb{Z}$ tales que $x = 2k_1$ y $y = 2k_2$, y así, $x - y = 2(k_1 - k_2)$, lo cual implica que $(x, y) \in S$.

Caso 2: Supongamos que $x, y \in B$. Entonces existen $k_1, k_2 \in \mathbb{Z}$ tales que $x = 2k_1 + 1$ y $y = 2k_2 + 1$, y así, $x - y = 2(k_1 - k_2)$, lo cual implica que $(x, y) \in S$.

Sin importar cual haya sido el caso, hemos concluido que si $(x, y) \in S_1$, entonces $(x, y) \in S$. Ahora, procedamos a demostrar que $S \subseteq S_1$. Sea $(x, y) \in S$. Entonces $2|(x - y)$, y así, existe un $k \in \mathbb{Z}$ tal que $x - y = 2k$, es decir, $x - y$ es par. Tenemos que demostrar que x, y están o bien en A o bien, x, y están en B; procediendo por contradicción, sin pérdida de generalidad supongamos que $x \in A$ y $y \in B$. Entonces existen $k_1, k_2 \in \mathbb{Z}$ tales que $x = 2k_1$ y $y = 2k_2 + 1$, de donde $x - y = 2(k_1 - k_2) - 1$, es decir, $x - y$ es impar, lo cual es contradictorio ya que $x - y$ es par e impar. Concluimos finalmente que dado que $S_1 \subseteq S$ y $S \subseteq S_1$, entonces $S_1 = S$.

$\square$

Como hemos visto en los Ejemplos 3.2.6 y 3.2.7, dada una relación de equivalencia en un conjunto X, es posible hacer una partición de X agrupando miembros relacionados (el conjunto de los pares están relacionados entre sí y el conjunto de los impares están relacionados entre sí). Puede pensarse que los elementos relacionados entre sí son equivalentes. El siguiente teorema establece los detalles de manera general.

Teorema 3.2.8. *Sea S una relación de equivalencia en un conjunto X. Para cada $a \in X$. Para cada $a \in X$ considera el conjunto*

$$[a] = \{x \in X : xSa\},$$

en otras palabras, $[a]$ es el conjunto de todos los elementos de X que están relacionados con a. Entonces

$$P = \{[a] : a \in X\}$$

es una partición de X.

Demostración. Debemos demostrar que todo elemento en X pertenece exactamente a un miembro de P. Sea $a \in X$. Como aSa, $a \in [a]$. Entonces todo elemento de X pertenece a al menos un miembro de P, lo que permite concluir que $\bigcup_{A \in P} A = X$. Falta demostrar que todo elemento de X pertenece a exactamente un miembro de P; es decir,

$$\text{si } x \in X \text{ y } x \in [a] \cap [b], \text{ entonces } [a] = [b]. \tag{3.2.1}$$

Primero probamos que para cualesquiera $c, d \in X$, si cSd, entonces $[c] = [d]$. Supongamos que cSd. Sea $x \in [c]$. Entonces xSc. Como cSd y S es transitiva, xSd. Por lo tanto, $x \in [d]$ y $[c] \subseteq [d]$. De manera análoga se demuestra que $[d] \subseteq [c]$. Por lo tanto, $[c] = [d]$.

Ahora probaremos 3.2.1. Supongamos que $x \in X$ y $x \in [a] \cap [b]$. Entonces xSa y xSb. El resultado anterior prueba que $[x] = [a]$ y $[x] = [b]$. Por lo tanto, $[a] = [b]$. $\qquad\square$

Observación 3.2.9. En el contexto del Teorema 3.2.8, definimos la **clase de equivalencia** de $a \in X$ como el conjunto $[a]$, y decimos que $a \in X$ es un **representante de la clase.**

Ejemplo 3.2.10. De los Ejemplos 3.2.6 y 3.2.7 vemos que $[0] = \{\ldots, -4, -2, 0, 2, 4, \ldots\}$ mientras que $[1] = \{\ldots, -3, -1, 1, 3, \ldots\}$, y así, refiriéndonos al Ejemplo 3.2.7, $[0] = A$ (la clase de los pares) y $[1] = B$ (la clase de los impares). Por lo tanto $Z = [0] \cup [1]$. A la partición $\{[0], [1]\}$ de $\mathbb{Z}$ se le denota comúnmente como $\mathbb{Z}_2$, es decir, $\mathbb{Z}_2 = \{[0], [1]\}$. Por último, notemos por ejemplo que $[0] = [2] = [-2] = [4] = [-4] = \cdots$, mientras que $[1] = [-1] = [3] = [-3] = \cdots$. $\qquad\qquad\square$

Observación 3.2.11. Si bien $\mathbb{Z}_2$ también es igual, por ejemplo $\{[10], [5]\}$, se acostumbra a definirlo tomando como representes de las clases a los elementos del conjunto $\{0, 1\}$ (es decir, de los posibles residuos al dividir entre 2).

Ejemplo 3.2.12. En el Ejemplo 3.2.3 se determinó que

$$S = \{(1, 1), (1, 3), (1, 5), (3, 1), (3, 3), (3, 5), (5, 1),$$

$$(5, 3), (5, 5), (2, 2), (2, 6), (6, 2), (6, 6), (4, 4)\}$$

sobre $X = \{1, 2, 3, 4, 5, 6\}$ es una relación de equivalencia. La clase de equivalencia $[1]$ que contiene a 1 consiste de todos los $x \in X$ tales que $(x, 1) \in S$. Por lo tanto, $[1] = \{1, 3, 5\}$. Las clases de equivalencia restantes se encuentran de manera similar: $[1] = [3] = [5] = \{1, 3, 5\}$, $[2] = [6] = \{2, 6\}$, $[4] = \{4\}$. Así $P = \{[1], [2], [4]\}$ es una partición de X. $\qquad\square$

Las clases de equivalencia aparecen con bastante claridad en la digráfica de una relación de equivalencia. Las tres clases de la relación S del Ejemplo 3.2.12 aparecen en la digráfica de S (mostrada en la Figura 3.4) como las tres subgráficas con vértices $\{1, 3, 5\}$, $\{2, 6\}$ y $\{4\}$. Una subgráfica G que representa una clase de equivalencia es la subgráfica más grande (en cuanto a la cardinalidad del número de vértices) de la digráfica original que tiene la propiedad de que para cualesquiera vértices v y w en G, hay una arista dirigida de v a w. Por ejemplo, si $v, w \in \{1, 3, 5\}$, se tiene una arista dirigida de v a w. Más aún, no pueden agregarse vértices adicionales a 1, 3, 5, por lo que el conjunto de vértices resultante tiene una arista dirigida entre cada par de vértices formando una clase de equivalencia.

Ejemplo 3.2.13. Existen dos clases de equivalencia para la relación de equivalencia

$$S = \{(1, 1), (1, 3), (1, 5), (2, 2), (2, 4), (3, 1), (3, 3),$$

$$(3,5),(4,2),(4,4),(5,1),(5,3),(5,5)\},$$

sobre $X = \{1,2,3,4,5\}$, a saber, $[1] = [3] = [5] = \{1,3,5\}$, $[2] = [4] = \{2,4\}$. $\qquad\qquad\square$

Ejemplo 3.2.14. Sea $X = \{1,2,\ldots,10\}$. Decimos que xSy para indicar que $3|(x-y)$. Es sencillo verificar que la relación S es reflexiva, simétrica y transitiva. Así, S es una relación de equivalencia sobre X. Determinemos las clases de equivalencia. La clase de equivalencia $[1]$ consiste en todos los $x \in X$ con $xS1$. Entonces $[1] = \{x \in X : 3|(x-1)\} = \{1,4,7,10\}$. De manera similar, $[2] = 2,5,8$, $[3] = 3,6,9$. Estos tres conjuntos son una partición de X. Observa que $[1] = [4] = [7] = [10]$, $[2] = [5] = [8]$, $[3] = [6] = [9]$. Para esta relación, equivalencia significa "tener el mismo residuo al dividir entre 3".

3.2.1. Ejercicios

1. Demuestra que que la relación $S = \{(x,y) : 4|(x-y)\}$ definida sobre $\{1,2,3,4,5\}$ es de equivalencia y encuentra las clases de equivalencia.

2. Encuentra la relación de equivalencia generada por cada una de las siguientes particiones P de $\{1,2,3,4\}$. Además, encuentra las clases de equivalencia $[1]$, $[2]$, $[3]$ y $[4]$.

   a) $\{\{1,2\},\{3,4\}\}$.　　　*c)* $\{\{1\},\{2\},\{3\},\{4\}\}$.　　　*e)* $\{\{1,2,3,4\}\}$.

   b) $\{\{1\},\{2\},\{3,4\}\}$.　　*d)* $\{\{1,2,3\},\{4\}\}$.　　　*f)* $\{\{1\},\{2,4\},\{3\}\}$.

3. Encuentra una digráfica para cada situación:

   a) Si una relación de equivalencia tiene sólo una clase de equivalencia, ¿cómo podría verse la relación?

   b) Si una relación de equivalencia S sobre X es tal que $|S| = |X|$, ¿cómo podría verse la relación?

4. Sea $X = \{1,2,\ldots,10\}$. Define la relación S sobre $X \times X$ como $(a,b)S(c,d)$ si $a+d = b+c$, $(a,b),(c,d) \in X \times X$. Demuestra que S es una relación de equivalencia sobre $X \times X$. ¿Cuál sería una representación de las clases de equivalencia sobre $X \times X$?.

5. Sea $f : X \to Y$ una función tal que $D_f = X$ y $R_f = Y$. Definimos la colección

$$P = \{\{x \in X : f(x) = y\} : y \in Y\}.$$

Demuestra que P es una partición sobre X.

a) ¿Qué forma tienen las clases de equivalencia de la relación generada por tal partición?

b) Encuentra las clases de equivalencia en el caso particular de la función $f : X \to Y$, de

$$X = \{-10, -9, -8, -7, -4, -2, -1, 1, 2, 4, 7, 8, 9, 10\}$$

en

$$Y = \{-4, -3, 2, -1, 1, 2, 3, 4\}$$

cuya gráfica se muestra a continuación.

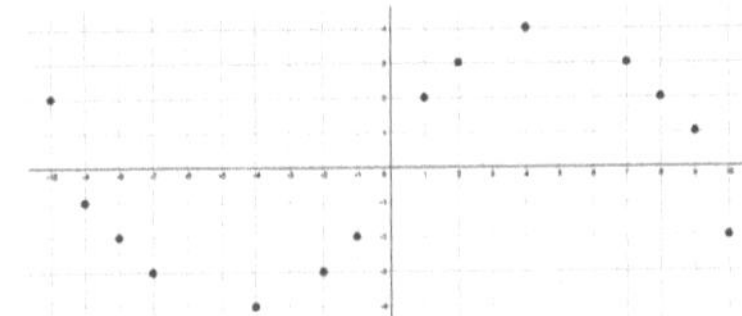

Capítulo 4

Sucesiones y series

El reconocimiento de patrones es una ciencia de mucha importancia, que se ocupa de los procesos sobre ingeniería, computación y matemáticas relacionados con objetos físicos o abstractos, con el propósito de extraer información que permita establecer propiedades entre conjuntos de dichos objetos. Como base esencial para estudiar este tipo de procesos es necesario tener muy claros conceptos como: sucesión, serie, patrón, entre otros, que trabajaremos en este capítulo.

4.1. Sucesiones

Definición 4.1.1. Una **sucesión de números reales** $\{a_n\}$ es una aplicación que asigna a cada $n \in \mathbb{N}$ un número real: $a_n : \mathbb{N} \to \mathbb{R}$. Por lo tanto, una sucesión es una secuencia de números ordenados.

$$
\begin{array}{ccccccc}
1 & 2 & 3 & \cdots & n & \cdots \\
\downarrow & \downarrow & \downarrow & \cdots & \downarrow & \cdots \\
a_1 & a_2 & a_3 & \cdots & a_n & \cdots
\end{array}
$$

donde $a_1, a_2, a_3, \ldots$ son los *términos de la sucesión* y a_n es el término *n-ésimo* o también conocido como término general. Por simplicidad en la notación, nos referiremos a una sucesión $\{a_n\}$ como a_n.

Ejemplo 4.1.2. Veamos algunos ejemplos de sucesiones:

- $a_n = \dfrac{1}{n}$, donde los términos de la sucesión son: $1, \dfrac{1}{2}, \dfrac{1}{3}, \dfrac{1}{4} \cdots$

- $b_n = (-1)^n$, donde los términos de la sucesión son: $-1, 1, -1, 1, -1, 1, -1, 1, \ldots$

- $c_n = \dfrac{2^n - 1}{n^2}$, donde los términos de la sucesión son:

$$\frac{2^1 - 1}{1^2}, \frac{2^2 - 1}{2^2}, \frac{2^3 - 1}{3^2}, \frac{2^4 - 1}{4^2} \cdots = 1, \frac{3}{4}, \frac{7}{9}, \frac{15}{16} \cdots$$

$\square$

En los ejemplos anteriores, hemos definido la sucesión a partir del término general. Sin embargo, existen otras formas de expresar o dar a conocer los términos de una sucesión. Una de ellas es utilizando una propiedad característica o como se denomina en conjuntos, por comprensión.

Ejemplo 4.1.3. Veamos algunos ejemplos de sucesiones escritas por medio de una característica.

- La sucesión de números naturales que terminan en 7, $\{7, 17, 27, 37, 47, \ldots\}$.

- La sucesión de números pares, $\{2, 4, 6, 8, 10, \ldots\}$.

- La sucesión de múltiplos de 3, $\{3, 6, 9, 12, 15, 18, \ldots\}$.

- La sucesión de números primos, $\{2, 3, 5, 7, 11, 13, 17, \ldots\}$.

$\square$

Otra forma de definir una sucesión es mediante una fórmula de recurrencia que permita calcular un término a partir de los términos que le preceden. En este caso sería necesario conocer uno o varios términos iniciales.

Ejemplo 4.1.4. Veamos algunos ejemplos de sucesiones escritas mediante una fórmula de recurrencia.

$$\bullet \quad \begin{cases} a_1 &= 1 \\ a_n &= n + a_{n-1}, \quad n > 1, \end{cases}$$

define la sucesión $\{1, 3, 6, 10, 15, 21, 28, \dots\}$, donde a_n es la suma de los n primeros números naturales.

$$\bullet \quad \begin{cases} a_1 &= a_2 = 1 \\ a_n &= a_{n-1} + a_{n-2}, \quad n > 2, \end{cases}$$

que define la sucesión $\{1, 1, 2, 3, 5, 8, 13, 21, \dots\}$, conocida como sucesión de **Fibonacci**.

$\square$

Definición 4.1.5. Una sucesión a_n es:

1. **creciente** si $a_n \leq a_{n+1}$, $\forall n$.

2. **decreciente** si $a_n \geq a_{n+1}$, $\forall n$.

3. **monótona**, si es uno de los casos anteriores.

Ejemplo 4.1.6. Retomando las sucesiones presentadas en Ejemplo 4.1.2, podemos concluir que: la sucesión a_n es decreciente, la sucesión b_n no es monótona y la sucesión c_n es creciente.

$\square$

Definición 4.1.7. Una sucesión a_n es:

1. **acotada superiormente** si $\exists\, C \in \mathbb{R}$ tal que $a_n \leq C$.

2. **acotada inferiormente** si $\exists\, C \in \mathbb{R}$ tal que $a_n \geq C$.

3. **acotada** si es acotada superiormente e inferiormente a la vez.
   ($\exists\, C_1, C_2 \in \mathbb{R}$, tal que $C_1 \leq a_n \leq C_2$).

Ejemplo 4.1.8. Retomando las sucesiones presentadas en Ejemplo 4.1.2, podemos concluir que:

- Para la sucesión a_n, $\exists\, C_1 = 0$ y $C_2 = 1$, tal que $0 \leq a_n \leq 1$). Por lo tanto, a_n es acotada.

- Para la sucesión b_n, $\exists\, C_1 = -1$ y $C_2 = 1$, tal que $-1 \leq b_n \leq 1$). Por lo tanto, b_n es acotada.

- Para la sucesión c_n, $\exists\, C = \dfrac{3}{4}$, tal que $\dfrac{3}{4} \leq c_n$. Por lo tanto, c_n está acotada inferiormente. Por otra parte, nota que c_n no está acotada superiormente.

$$\square$$

Definición 4.1.0. Sea a_n una sucesión, decimos que b_n es una **subsucesión** de a_n si todos los términos de b_n son términos de a_n. En otras palabras, una subsucesión es una sucesión que puede derivarse de otra eliminando algunos de sus términos sin cambiar el orden de los elementos restantes.

Ejemplo 4.1.10. Veamos algunos ejemplos de subsucesiones.

- Sea $a_n = \dfrac{(-1)^n}{n} = -1, \dfrac{1}{2}, -\dfrac{1}{3}, \dfrac{1}{4}, \ldots$ Entonces la sucesión definida por $b_n = a_{n^2}$ es una subsucesión de a_n, y está formada por los términos $b_n = -1, \dfrac{1}{4}, -\dfrac{1}{9}, \ldots$

- Sea c_n cualquier sucesión. Entonces la sucesiones definidas por $d_n = c_{2n}$ y $e_n = c_{2n-1}$ serán subsucesiones de c_n. Estarán formadas por los términos:

$$d_n = \{a_2, a_4, a_6, a_8, a_{10}, \ldots\}$$

y

$$e_n = \{a_1, a_3, a_5, a_7, a_9, \ldots\}.$$

$$\square$$

4.2. Convergencia de sucesiones

La característica más importante que se estudia en una sucesión es su comportamiento a largo plazo, es decir, la tendencia de los términos de la sucesión hacia un valor límite. Esta posible propiedad se denomina **convergencia**.

En esta sección vamos a presentar algunos resultados que se utilizan para estudiar la convergencia de una sucesión y que se conocen como criterios de convergencia. También recordaremos algunas técnicas de cálculo de límites.

Definición 4.2.1. Una sucesión a_n es:

1. **convergente** o converge, si $\exists L \in \mathbb{R}$ tal que: $\lim\limits_{n \to \infty} a_n = L$

2. **divergente** o diverge, si $\lim\limits_{n \to \infty} a_n = \pm\infty$

Propiedades: Sean a_n y b_n dos sucesiones convergentes a L y M respectivamente. Entonces se cumplen las siguientes igualdades:

1. $\lim\limits_{n \to \infty} (a_n \pm b_n) = L \pm M$.

2. $\lim\limits_{n \to \infty} a_n \cdot b_n = LM$.

3. Si $b_n \neq 0$, $\forall n$ y $M \neq 0$, entonces $\lim\limits_{n \to \infty} \dfrac{1}{b_n} = \dfrac{1}{M}$.

4. Si $b_n > 0$, $\forall n \geq N$ y $M = 0$, entonces $\lim\limits_{n \to \infty} \dfrac{1}{b_n} = \infty$.

5. Si $b_n < 0$, $\forall n \geq N$ y $M = 0$, entonces $\lim\limits_{n \to \infty} \dfrac{1}{b_n} = -\infty$.

Teorema 4.2.2. *Si a_n es monótona y acotada, entonces a_n converge.*

Demostración. Sabemos que si a_n es acotada, por la Definición 4.1.7, $\exists C_1, C_2 \in \mathbb{R}$ tales que $C_1 \leq a_n \leq C_2$. Tomaremos a C_1^* como la más pequeña constante C_1 tal que $a_n \leq C_1$ y tomamos a C_2^* como la más grande de las constantes C_2 tales que $a_n \geq C_2$. Entonces $C_1^* \leq a_n \leq C_2^*$. Ahora, si a_n es monótona, por la Definición 4.1.5 es creciente o decreciente.

- Si a_n es creciente, $\lim\limits_{n \to \infty} a_n = C_2^*$.

- Si a_n es decreciente, $\lim\limits_{n \to \infty} a_n = C_1^*$.

Por lo tanto, a_n converge. $\qquad\square$

Corolario 4.2.3. *Toda sucesión monótona y acotada es convergente y en particular se verifica que:*

- *Toda sucesión creciente y acotada superiormente es convergente.*

- *Toda sucesión decreciente y acotada inferiormente es convergente.*

- *Toda sucesión creciente y no acotada superiormente diverge a ∞.*

- *Toda sucesión decreciente y no acotada inferiormente diverge a $-\infty$.*

Ejemplo 4.2.4. Estudia la convergencia o divergencia de las siguientes sucesiones.

- $a_n = \dfrac{n}{n+1}$.

- $b_n = 2^n$.

- $c_n = \dfrac{(-1)^n}{n}$.

- $d_n = \operatorname{sen}\left(n\pi - \frac{\pi}{2}\right)$

Solución. Analicemos la convergencia de cada una de las sucesiones planteadas.

- Observemos que a_n es creciente, $(a_n < a_{n+1})$, que se puede probar de forma general así:

$$n^2 + 2n \leq n^2 + 2n + 2$$

$$n(n+2) \leq (n+1)(n+1)$$

$$\frac{n}{n+1} \leq \frac{n+1}{n+2}$$

$$a_n \leq a_{n+1}.$$

Además, es acotada superiormente, $(a_n \leq 1, \forall\, n)$. Esto se puede verificar fácilmente, ya que:

$$n \leq n+1$$

$$\frac{n}{n+1} \leq 1$$

Por lo tanto, a_n converge y $\lim\limits_{n\to\infty} a_n = 1$.

- Es claro que b_n es creciente, $(2^n \leq 2^{n+1})$ y no es acotada superiormente. Por lo tanto b_n diverge y $\lim\limits_{n\to\infty} b_n = \infty$.

- Observemos que c_n estará alternando signos dependiendo del valor de n, entonces no podrá ser monótona. Por otra parte, Si separamos las dos subsuseciones que se forman, una de términos positivos y la otra de términos negativos, obtenemos:

$$c_{2n} = \frac{1}{2}, \frac{1}{4}, \frac{1}{6}, \frac{1}{8}, \ldots \text{ y } c_{2n-1} = -1, -\frac{1}{3}, -\frac{1}{5}, -\frac{1}{7}, -\frac{1}{9}, \ldots$$

  Podemos observar que cada una de ellas es decreciente. Además, se puede verificar que $\lim\limits_{n\to\infty} c_{2n} = \lim\limits_{n\to\infty} c_{2n-1} = 0$. Con ayuda del resultado del Colorario 4.2.6 podemos concluir que $\lim\limits_{n\to\infty} c_n = 0$ y por tanto converge.

- Para mejor comprensión, veamos los valores que arroja la sucesión d_n. Esto es:

$$d_n = 1, -1, 1, -1, 1, -1, \ldots$$

  Analizando las dos subsucesiones que se pueden obtener,

$$d_{2n} = -1, -1, -1, -1, \ldots \text{ y } d_{2n-1} = 1, 1, 1, 1, 1, \ldots$$

  Observamos que son dos subsucesiones constantes, cada una con un limite diferente, $\lim\limits_{n\to\infty} d_{2n} = -1$ y $\lim\limits_{n\to\infty} d_{2n-1} = 1$. Entonces apoyados del Teorema 4.2.5 podemos concluir que d_n no converge.

$$\square$$

Teorema 4.2.5. *Una sucesión a_n converge a L si y solo si toda subsucesión converge a L.*

(Omitiremos la demostración del teorema por los objetivos del curso). Este teorema es bastante útil, sin embargo es más practico utilizar una consecuencia inmediata de este resultado que se puede enunciar así:

Corolario 4.2.6. *Sean b_n y c_n dos subsucesiones de a_n, la cuales cumplen que:* $\lim\limits_{n\to\infty} b_n = \lim\limits_{n\to\infty} c_n = L$ *y* $\{a_n\} = \{b_n\} \cup \{c_n\}$*, entonces* $\lim\limits_{n\to\infty} a_n = L$*.*

Teorema 4.2.7. *(Teorema de compresión)*

- *Sean a_n, b_n y c_n tres sucesiones tales que $a_n \leq c_n \leq b_n$ y $\lim\limits_{n\to\infty} a_n = \lim\limits_{n\to\infty} b_n = L$, entonces $\lim\limits_{n\to\infty} c_n = L$.*

- *Sea a_n una sucesión convergente a 0 y b_n una sucesión acotada, entonces $\lim\limits_{n\to\infty} a_n \cdot b_n = 0$.*

Ejemplo 4.2.8. Estudia la convergencia de las siguientes sucesiones.

1. $c_n = \dfrac{1}{n^2 + 1} + \dfrac{1}{n^2 + 2} + \dfrac{1}{n^2 + 3} + \cdots + \dfrac{1}{n^2 + n}\,.$

2. $d_n = \dfrac{\operatorname{sen} n}{n}\,.$

Solución. Veamos como podemos aplicar los resultados del Teorema 4.2.7.

1. Para estudiar la convergencia de c_n, podemos buscar dos sucesiones convergentes al mismo límite que permitan acotarla. Por ejemplo:

$$0 \leq \frac{1}{n^2 + 1} + \frac{1}{n^2 + 2} + \frac{1}{n^2 + 3} + \cdots + \frac{1}{n^2 + n} \leq \frac{n}{n^2 + 1}$$

   Notemos que las sucesiones $a_n = 0$ y $b_n = \dfrac{n}{n^2 + 1}$ son convergentes, y $\lim\limits_{n\to\infty} a_n = b_n = 0$. Por lo tanto, con ayuda del resultado del Teorema 4.2.7 podemos concluir que c_n también converge y $\lim\limits_{n\to\infty} c_n = 0$.

2. Notemos que la sucesión d_n se puede expresar como el producto de dos sucesiones, una acotada ($\operatorname{sen} n$) y otra sucesión $\left(\dfrac{1}{n}\right)$ convergente a 0. Por lo tanto, con ayuda del resultado del Teorema 4.2.7 podemos concluir que d_n converge y $\lim\limits_{n\to\infty} d_n = 0$.

$\square$

4.2.1. Ejercicios

1. Encuentra el término general de cada una de las siguientes sucesiones.

$a)$ $2, 4, 6, 8, 10, \ldots$

$c)$ $0, 5, 0, 5, 0, 5, \ldots$

$e)$ $\dfrac{1}{2}, -\dfrac{2}{3}, \dfrac{3}{4}, -\dfrac{4}{5}, \ldots$

$b)$ $1, 8, 27, 64, \ldots$

$d)$ $1, \dfrac{1}{4}, \dfrac{1}{9}, \dfrac{1}{16}, \ldots$

$f)$ $\dfrac{1}{2}, 0, \sqrt{3}, \dfrac{1}{2}, 0, \sqrt{3}, \ldots$

2. Se deja caer una pelota desde una altura inicial de 15 metros sobre la losa de concreto. Cada vez que rebota alcanza una altura equivalente a $2/3$ de la altura anterior. Determine la altura que alcanza en el tercer rebote y en el n-ésimo rebote.

3. Un objeto se deja caer desde una gran altura, de tal manera que recorre 16 pies durante el primer segundo, 48 pies durante el segundo, 80 pies durante el tercero y así sucesivamente. ¿Cuánto pies recorre el objeto durante el sexto segundo?

4. Calcula los primeros términos de las siguientes sucesiones y deduce sus características (monotonía, acotación y convergencia).

$a)$ $a_n = \dfrac{(-1)^n}{n^2}$

$b)$ $b_n = 1 + (-1)^n$

$c)$ $c_n = \dfrac{1}{n^2}$

$d)$ $d_n = \operatorname{sen}(n\pi)$

$e)$ $e_n = \cos\left(\dfrac{\pi}{2} + n\pi\right)$

$f)$ $f_n = \left(\dfrac{1}{2}\right)^n$

$g)$ $g_n = -\dfrac{1}{n} + \dfrac{n+1}{n^2}$

$h)$ $h_n = \dfrac{n^2 - 1}{n - 1}$

$i)$ $i_n = n^4$

5. Considera la siguiente sucesión:

$$\begin{cases} a_1 &= 1 \\ a_n &= 3a_{n-1}, \text{ si } n > 1. \end{cases}$$

$a)$ Calcula los primeros términos de la sucesión y deduzca las características de la sucesión (monotonía, acotación y convergencia).

$b)$ Determina el término general y calcula su límite.

6. Calcula los siguientes límites.

$a)$ $\displaystyle\lim_{n\to\infty} \dfrac{n+3}{n^3+4}.$

$b)$ $\displaystyle\lim_{n\to\infty} \dfrac{3n^3+n}{n^3+4}.$

c) $\displaystyle\lim_{n\to\infty}\frac{3-n^5}{n^3+4}$.

7. Considera la sucesión $\begin{cases} a_1 &= 3 \\ a_n &= \sqrt{1+a_{n-1}} \end{cases}$

   a) Encuentra los primeros 5 términos.

   b) Demuestra por inducción matemática que la sucesión es decreciente.

   c) Demuestra por inducción matemática que $1 \leq a_n \leq 3$ para todo $n \in \mathbb{N}$.

   d) ¿Se puede afirmar que la sucesión converge? si es así, calcula su límite.

8. Demuestra que $\displaystyle\lim_{n\to\infty}\sum_{k=1}^{n}\frac{n}{n^2+k}$ es convergente.

9. Utiliza propiedades de subsucesiones para calcular el límite de la sucesión:

$$1, 0, \frac{1}{2}, \frac{1}{2}, 0, \frac{1}{4}, \frac{1}{3}, 0, \frac{1}{8}, \cdots, \frac{3}{n+2}, 0, \frac{1}{2^{n/3}} \cdots$$

4.3. Series

Normalmente, nos acostumbrados a sumar una cantidad finita de números, pero podemos plantearnos una pregunta bastante interesante: ¿será posible sumar un conjunto infinito de números? La intuición nos puede jugar una mala pasada, al pensar que si sumamos "infinitos" números, su resultado sea "infinito". Y, aunque en algunas ocasiones sea así, también es posible que el resultado de sumar "infinitos" números sea un número finito.

Por ejemplo, supongamos que nos colocamos a un metro de distancia a un determinado punto y que nos queremos acercar a él dando pasos de la siguiente forma: cada paso tiene como longitud exactamente la mitad de la distancia que nos separa del destino. Si fuéramos capaces de dar pasos "tan pequeños", esta claro que nunca llegaríamos a nuestro objetivo, es decir, por muchos pasos que demos, como mucho recorreríamos 1 metro. Si pudiésemos dar pasos indefinidamente, la distancia recorrida sería:

$$\frac{1}{2} + \frac{1}{4} + \frac{1}{8} + \cdots + \frac{1}{2^n} + \cdots$$

y esta suma infinita valdría exactamente 1.

Además de formalizar la noción de suma infinita, en esta sección nos vamos a plantear dos cuestiones. Primero vamos a estudiar condiciones que debe cumplir una sucesión de números para poder afirmar que puede ser sumada y segundo, en aquellos casos en los que podamos obtener la suma, estudiaremos si es posible hallar el valor exacto o, en caso contrario, obtendremos valores aproximados.

Definición 4.3.1. Sea a_n una sucesión de números reales. Consideremos la siguiente suma $S_n = a_1 + a_2 + a_3 + \cdots + a_n$. Esta suma S_n se conoce como **suma parcial** de la sucesión y a la suma infinita de sus términos se denomina **Serie** y se suele escribir con la simbología de suma. Esto es, $\displaystyle\sum_{n=1}^{\infty} a_n$. El término a_n es el término n-ésimo de la serie.

En la definición anterior hemos considerado que el primer elemento de la suma es exactamente a_1. Esto lo hacemos por simplicidad, pero en la práctica podremos iniciar la suma en cualquier término de la sucesión. Si bien esto puede repercutir en el valor real de la suma, veremos más adelante que no influye en la convergencia o divergencia de la serie.

Definición 4.3.2. Para cualquier serie $\displaystyle\sum_{n=1}^{\infty} a_n$. se pueden definir las **sumas parciales** como:

$$S_1 = a_1 = \sum_{k=1}^{1} a_k$$

$$S_2 = a_1 + a_2 = \sum_{k=1}^{2} a_k$$

$$S_3 = a_1 + a_2 + a_3 = \sum_{k=1}^{3} a_k$$

$$\vdots$$

$$S_n = a_1 + a_2 + a_3 + \cdots + a_n = \sum_{k=1}^{n} a_k$$

Ejemplo 4.3.3. Consideremos las siguientes sumas como ejemplos de series numéricas.

- $\displaystyle\sum_{n=1}^{\infty} n$

- $$\sum_{n=1}^{\infty} r^n$$

Solución. Recordando ejemplos vistos en el curso sobre inducción matemática, sabemos que:

- $\displaystyle\sum_{k=1}^{n} k = \frac{n(n+1)}{2}$, por lo tanto, si quisiéramos obtener el valor de la serie, bastaría con calcular el siguiente límite, $\displaystyle\lim_{n\to\infty} \frac{n(n+1)}{2} = \sum_{n=1}^{\infty} n$.

- $\displaystyle\sum_{k=1}^{n} r^k = \frac{1 - r^{n+1}}{1 - r}$, por lo tanto, si quisiéramos obtener el valor de la serie, bastaría con calcular el siguiente límite, $\displaystyle\lim_{n\to\infty} \frac{1 - r^{n+1}}{1 - r} = \sum_{n=1}^{\infty} r^n$.

$\square$

Muchas veces encontrar la suma parcial con exactitud puede ser un trabajo sencillo, pero en general es difícil encontrarlo cuando la suma es infinita. Veamos en la siguiente sección el análisis que se puede realizar para estudiar la convergencia o divergencia de las series.

4.4. Convergencia de series

Definición 4.4.1. Decimos que la serie $\displaystyle\sum_{n}^{\infty} a_n$ es:

1. **convergente** o es una *serie convergente* cuando la sucesión de sumas parciales tiene límite. Esto es, $\exists\, S \in \mathbb{R}$ tal que $\displaystyle\sum_{n=1}^{\infty} a_n = \lim_{n\to\infty} S_n = S$.

2. **divergente** o es una *serie divergente* cuando la sucesión de sumas parciales no converge, es decir, o bien $\displaystyle\lim_{n\to\infty} S_n$ no existe o bien $\displaystyle\lim_{n\to\infty} S_n = \pm\infty$.

Propiedades: Sean $\displaystyle\sum_{n=1}^{\infty} a_n$ y $\displaystyle\sum_{n=1}^{\infty} b_n$ series convergentes a S_1 y S_2 respectivamente, y sea $\displaystyle\sum_{n=1}^{\infty} c_n$ una serie divergente, entonces se cumplen las siguientes afirmaciones:

1. La serie $\displaystyle\sum_{n=1}^{\infty}(a_n + b_n)$ converge a $S_1 + S_2$.

2. La serie $\displaystyle\sum_{n=1}^{\infty} C \cdot a_n$ converge a CS_1, para todo $C \in \mathbb{R}$.

3. La serie $\displaystyle\sum_{n=1}^{\infty}(a_n + c_n)$ es divergente.

Ejemplo 4.4.2. Analiza la convergencia o divergencia de la serie $\displaystyle\sum_{n=1}^{\infty}(-1)^n$.

Solución. Notemos que $a_n = (-1)^n$. Entonces se trata de una serie alternada, donde:

$$S_n = \sum_{k=1}^{n}(-1)^k = -1 + 1 - 1 + 1 - 1 + \cdots + (-1)^n = \begin{cases} -1 & \text{si } n \text{ es impar} \\ 0 & \text{si } n \text{ es par} \end{cases}$$

Como el $\displaystyle\lim_{n\to\infty} S_n$ no existe, concluimos que $\displaystyle\sum_{n=1}^{\infty}(-1)^n$ diverge. $\qquad\square$

4.4.1. Algunas series conocidas

En esta sección conoceremos algunas de las series más conocidas en la literatura y su análisis de convergencia o divergencia.

Serie Armónica

La serie $\displaystyle\sum_{n=1}^{\infty}\frac{1}{n}$ se denomina serie armónica. Dado que la serie es de términos positivos, la sucesión de sumas parciales es creciente. Además, veamos que:

$$\begin{aligned}
\sum_{n=1}^{\infty}\frac{1}{n} &= (1) + \left(\frac{1}{2}\right) + \left(\frac{1}{3} + \frac{1}{4}\right) + \left(\frac{1}{5} + \frac{1}{6} + \frac{1}{7} + \frac{1}{8}\right) + \cdots \\
&\geq (1) + \left(\frac{1}{2}\right) + \left(\frac{1}{4} + \frac{1}{4}\right) + \left(\frac{1}{8} + \frac{1}{8} + \frac{1}{8} + \frac{1}{8}\right) + \cdots \\
&= (1) + \left(\frac{1}{2}\right) + \left(\frac{1}{2}\right) + \left(\frac{1}{2}\right) + \left(\frac{1}{2}\right) + \cdots
\end{aligned}$$

$$= (1) + \sum_{n=2}^{\infty} \frac{1}{2}$$

Claramente esta ultima serie diverge, por lo tanto la serie armónica $\sum_{n=1}^{\infty} \frac{1}{n}$ diverge.

$\square$

Serie Telescópica

Sea b_n una sucesión numérica. La serie $\sum_{n=1}^{\infty}(b_n - b_{n+1})$ se denomina serie telescópica. Esta serie converge si y solo si la sucesión b_n converge y en tal caso, $\sum_{n=1}^{\infty}(b_n - b_{n+1}) = b_1 - \lim_{n\to\infty} b_{n+1}$. Notemos que muchos de los término de la suma parcial S_n se eliminan. Esto es:

$$S_n = (b_1 - b_2) + (b_2 - b_3) + (b_3 - b_4) + \cdots + (b_{n-1} - b_n) + (b_n - b_{n+1})$$

$$= b_1 - b_{n+1}$$

Como resultado directo de la definición de serie como el límite de la sucesión de sumas parciales, podemos escribir que:

$$\sum_{n=1}^{\infty}(b_n - b_{n+1}) = \lim_{n\to\infty} S_n$$

Por lo tanto,

$$\sum_{n=1}^{\infty}(b_n - b_{n+1}) = \lim_{n\to\infty} S_n = b_1 - \lim_{n\to\infty} b_{n+1}$$

$\square$

Ejemplo 4.4.3. Analiza la convergencia o divergencia de las siguientes series:

1. $\displaystyle\sum_{n=1}^{\infty} \frac{1}{n^2 + n}$

2. $\displaystyle\sum_{n=2}^{\infty} \ln\left(\frac{n+1}{n}\right)$.

Solución.

1. Veamos que el término n-ésimo se puede escribir como la diferencia de dos términos. Esto es,

$$\frac{1}{n^2 + n} = \frac{1}{n} - \frac{1}{n+1}$$

Entonces,

$$\sum_{n=1}^{\infty} \frac{1}{n^2 + n} = \sum_{n=1}^{\infty} \left(\frac{1}{n} - \frac{1}{n+1} \right) = \lim_{n \to \infty} S_n$$

$$= \lim_{n \to \infty} \left[\left(1 - \frac{1}{2} \right) + \left(\frac{1}{2} - \frac{1}{3} \right) + \left(\frac{1}{3} - \frac{1}{4} \right) + \cdots + \left(\frac{1}{n} - \frac{1}{n+1} \right) \right]$$

$$= 1 - \lim_{n \to \infty} \frac{1}{n+1} = 1.$$

Por lo tanto, la serie converge y $\displaystyle\sum_{n=1}^{\infty} \frac{1}{n^2 + n} = 1$.

2. Por propiedades del logaritmo, podemos escribir:

$$\sum_{n=2}^{\infty} \ln \left(\frac{n+1}{n} \right) = \sum_{n=2}^{\infty} \left(\ln(n+1) - \ln(n) \right) = \lim_{n \to \infty} S_n$$

$$= \lim_{n \to \infty} \left[\left(\ln(3) - \ln(2) \right) + \left(\ln(4) - \ln(3) \right) + \left(\ln(5) - \ln(4) \right) + \right.$$

$$\left. + \cdots + \left(\ln(n+1) \right) - \ln(n) \right]$$

$$= -\ln(2) + \lim_{n \to \infty} \ln(n+1) = \infty.$$

Por lo tanto, la serie diverge.

$\square$

Serie Geométrica

La serie $\displaystyle\sum_{n=1}^{\infty} r^n$ se denomina serie geométrica de razón r. En esta serie se puede concluir que:

$$\sum_{n=1}^{\infty} r^n = \begin{cases} \text{converge a} \quad \dfrac{r}{1-r} & \text{si } |r| < 1 \\[2mm] \text{diverge} & \text{si } |r| \geq 1 \end{cases}$$

El resultado anterior se puede verificar como consecuencia del siguiente proceso:

$$S_n = r + r^2 + r^3 + r^4 + \cdots + r^{n-1}$$

$$-rS_n = \quad -r^2 - r^3 - r^4 - \cdots - r^{n-1} - r^n$$

$$(1-r)S_n = r - r^n$$

de donde se puede obtener que:

$$S_n = \frac{r - r^n}{1 - r}$$

Aplicando la definición de serie (calculando el límite), obtenemos:

$$\sum_{n=1}^{\infty} r^n = \lim_{n \to \infty} S_n = \lim_{n \to \infty} \frac{r - r^n}{1 - r} = \begin{cases} \dfrac{r}{1-r} & \text{si } |r| < 1 \\[2mm] \pm\infty & \text{si } |r| \geq 1 \end{cases}$$

$\square$

Corolario 4.4.4. *La serie* $\displaystyle\sum_{n=k}^{\infty} a_n$ *es geométrica si* $\dfrac{a_{n+1}}{a_n} = r, \ \forall\, n$. *Además, es convergente si y solo si* $|r| < 1$ *y en tal caso* $\displaystyle\sum_{n=k}^{\infty} a_n = \dfrac{a_k}{1 - r}$.

Ejemplo 4.4.5. Estudia la convergencia de las siguientes series geométricas.

1. $\displaystyle\sum_{n=1}^{\infty} \frac{1}{3^{n+2}}$.

2. $\displaystyle\sum_{n=1}^{\infty} \frac{2^{3n}}{7^n}$.

3. $\displaystyle\sum_{n=0}^{\infty} \frac{(-1)^{n+2}}{5^n}$.

Solución.

1. Como $\dfrac{a_{n+1}}{a_n} = \dfrac{3^{n+2}}{3^{n+3}} = \dfrac{1}{3}$, entonces la serie es geométrica de razón $r = \dfrac{1}{3}$, cuyo primer término es $\dfrac{1}{27}$. Por lo tanto, la serie converge y $\displaystyle\sum_{n=1}^{\infty} \frac{1}{3^{n+2}} = \frac{1}{18}$.

2. Como $\dfrac{a_{n+1}}{a_n} = \dfrac{2^{3(n+1)}7^n}{2^{3n}7^{n+1}} = \dfrac{8}{7}$, entonces la serie es geométrica de razón $r = \dfrac{8}{7}$. Por lo tanto, la serie diverge.

3. Como $\dfrac{a_{n+1}}{a_n} = -\dfrac{1}{5}$, entonces la serie es geométrica de razón $r = -\dfrac{1}{5}$, cuyo primer término es 1. Por lo tanto la serie converge y $\displaystyle\sum_{n=0}^{\infty} \dfrac{(-1)^{n+2}}{5^n} = \dfrac{5}{6}$.

$\square$

Serie p-Armónicas

Las series $\displaystyle\sum_{n=1}^{\infty} \dfrac{1}{n^p}, \quad p > 0$ se denominan p-armónicas o armónica generalizada (cuando $p = 1$ tenemos la serie armónica). En esta familia de series se puede concluir que:

$$\sum_{n=1}^{\infty} \dfrac{1}{n^p} = \begin{cases} \text{convergen} & \text{si } p > 1 \\ \text{divergen} & \text{si } 0 < p \leq 1. \end{cases}$$

La importancia de las series p-armónicas está en que nos ayudarán a estudiar la convergencia de otras series por medio de los diferentes criterios que trabajaremos en la siguiente sección.

4.4.2. Algunos criterios de convergencia

Criterio 4.4.6. *(Comparación) Existen diferentes criterios para concluir sobre la convergencia o divergencia de series. A continuación trabajaremos con algunos de ellos.*

Sean $\displaystyle\sum_{n=1}^{\infty} a_n$ y $\displaystyle\sum_{n=1}^{\infty} b_n$ dos series tal que $0 < a_n \leq b_n$, $\forall n$, se cumple que:

1. si $\displaystyle\sum_{n=1}^{\infty} b_n$ converge, entonces $\displaystyle\sum_{n=1}^{\infty} a_n$ converge.

2. si $\displaystyle\sum_{n=1}^{\infty} a_n$ diverge, entonces $\displaystyle\sum_{n=1}^{\infty} b_n$ diverge.

Ejemplo 4.4.7. Estudia la convergencia de la serie $\displaystyle\sum_{n=1}^{\infty} \dfrac{1}{n + 2^n}$.

Solución. Para utilizar el criterio de comparación, debemos buscar una serie conocida. Para este caso, podemos tomar la serie geométrica $\displaystyle\sum_{n=1}^{\infty} \frac{1}{2^n}$, que tiene como razón $r = \frac{1}{2}$ y por tanto es convergente. Notemos que:

$$\frac{1}{n + 2^n} \leq \frac{1}{2^n}$$

Por lo tanto, de acuerdo al inciso (1) del Criterio 4.4.6 la serie $\displaystyle\sum_{n=1}^{\infty} \frac{1}{n + 2^n}$ converge. $\qquad\square$

Se debe prestar atención que se cumpla muy bien la hipótesis de desigualdad planteada. Porque ejemplo, la serie $\displaystyle\sum_{n=1}^{\infty} \frac{1}{2^n - n}$ es muy "parecida" a la del ejemplo anterior y se podría intuir que también será convergente; sin embargo, no podemos utilizar el criterio de comparación pues no cumple la desigualdad. En estos casos, será utilizar otro tipo de criterio.

Criterio 4.4.8. *(Término general)*

Sea $\displaystyle\sum_{n=1}^{\infty} a_n$ *una serie:*

1. *Si* $\displaystyle\sum_{n=1}^{\infty} a_n$ *converge, entonces* $\displaystyle\lim_{n\to\infty} a_n = 0.$

2. *Si* $\displaystyle\lim_{n\to\infty} a_n \neq 0$*, entonces la serie* $\displaystyle\sum_{n=1}^{\infty} a_n$ *diverge.*

Note que el inciso (2) no es más que la contrarrecíproca del inciso (1). Por otra parte, algo muy importante por resaltar es que si $\displaystyle\lim_{n\to\infty} a_n = 0$, no se puede concluir nada (puede que la serie converja o diverja). En este caso se debe recurrir a otro criterio.

Ejemplo 4.4.9. Suponga que tenemos una serie convergente y se sabe que $S_n = \dfrac{n+1}{e^n}$, entonces podríamos averiguar el término n-ésimo de la serie así:

$$a_n = S_n - S_{n-1} = \frac{n+1}{e^n} - \frac{n}{e^{n-1}} = \frac{n(1-e)+1}{e^n}$$

Aplicando el inciso (1) del Criterio 4.4.8 se obtiene que:

$$\lim_{n\to\infty} \frac{n(1-e)+1}{e^n} = 0$$

Observa que este resultado se puede utilizar como criterio para calcular el límite de una sucesión (a_n) a partir de la convergencia de la serie. Otra aplicación utilizando el inciso (2) del Criterio 4.4.8 es utilizarlo como método de refutación en el estudio de la convergencia de una serie. Veamos un ejemplo.

Ejercicio 4.4.10. Analice la convergencia o divergencia de la serie $\displaystyle\sum_{n=1}^{\infty} \frac{n}{n+1}$.

Solución. Notemos que $\displaystyle\lim_{n\to\infty} \frac{n}{n+1} = 1 \neq 0$, por lo tanto del inciso (2) del Criterio 4.4.8 concluimos que la serie $\displaystyle\sum_{n=1}^{\infty} \frac{n}{n+1}$ diverge. $\qquad\square$

Como se mencionó anteriormente, se debe tener cuidado al concluir con este criterio, puesto que si el término n-ésimo de la serie tiende a 0, no se puede concluir nada sobre la convergencia. Por ejemplo, el término n-ésimo de la serie armónica $\left(\dfrac{1}{n}\right)$ tiende a 0 pero ya vimos que la serie Armónica es divergente.

Criterio 4.4.11. *(Comparación al límite)*

Sean $a_n \geq 0$ y $b_n > 0$ para todo $n \in \mathbb{N}$. Si $\displaystyle\lim_{n\to\infty} \frac{a_n}{b_n} = l$, entonces:

1. *Si $l > 0$ la convergencia de la serie $\displaystyle\sum_{n=1}^{\infty} a_n$ es equivalente a la serie $\displaystyle\sum_{n=1}^{\infty} b_n$.*

2. *Si $l = 0$ y la serie $\displaystyle\sum_{n=1}^{\infty} b_n$ converge, entonces la serie $\displaystyle\sum_{n=1}^{\infty} a_n$ también converge.*

3. *Si $l = \infty$ y la serie $\displaystyle\sum_{n=1}^{\infty} b_n$ diverge, entonces la serie $\displaystyle\sum_{n=1}^{\infty} a_n$ también diverge.*

Ejemplo 4.4.12. Estudia la convergencia de las siguientes sucesiones.

1. $\displaystyle\sum_{n=1}^{\infty} \frac{1}{2^n - n}$.

2. $\displaystyle\sum_{n=1}^{\infty} n \operatorname{sen}\left(\frac{1}{n^2}\right)$.

3. $\displaystyle\sum_{n=1}^{\infty} \frac{1}{\ln(n)}$.

Solución. La idea para aplicar el criterio 4.4.11 es buscar una serie conveniente con cual aplicar el límite y poder concluir sobre la convergencia o divergencia.

1. Tomemos la serie geométrica convergente $\sum\limits_{n=1}^{\infty} \dfrac{1}{2^n}$. Ahora veamos el límite,

$$\lim_{n\to\infty} \left(\frac{\frac{1}{2^n}}{\frac{1}{2^n-n}} \right) = \lim_{n\to\infty} = \left(1 - \frac{n}{2^n} \right) = 1.$$

Por lo tanto, la serie $\sum\limits_{n=1}^{\infty} \dfrac{1}{2^n - n}$ también converge.

2. Tomemos la serie armónica $\sum\limits_{n=1}^{\infty} \dfrac{1}{n}$, que sabemos diverge y veamos el límite,

$$\lim_{n\to\infty} \left(\frac{n\operatorname{sen}\left(\frac{1}{n^2}\right)}{\frac{1}{n}} \right) = \lim_{n\to\infty} = \left(\frac{\operatorname{sen}\left(\frac{1}{n^2}\right)}{\frac{1}{n^2}} \right) = 1.$$

Por lo tanto, la serie $\sum\limits_{n=1}^{\infty} n\operatorname{sen}\left(\dfrac{1}{n^2} \right)$ también diverge.

3. Tomemos nuevamente la serie armónica $\sum\limits_{n=1}^{\infty} \dfrac{1}{n}$ y veamos el límite,

$$\lim_{n\to\infty} \left(\frac{\frac{1}{\ln(n)}}{\frac{1}{n}} \right) = \lim_{n\to\infty} = \left(\frac{n}{\ln(n)} \right) = \infty.$$

Por lo tanto, la serie $\sum\limits_{n=1}^{\infty} \dfrac{1}{\ln(n)}$ también diverge.

$\square$

Criterio 4.4.13. *(Raíz)*

Sea $\sum\limits_{n=1}^{\infty} a_n$ una serie de términos positivos. Si $\lim\limits_{n\to\infty} \sqrt[n]{a_n} = l$, entonces:

1. Si $l < 1$ la serie converge.

2. Si $l > 1$ la serie diverge.

Es muy importante tener en cuenta que en el Criterio 4.4.13, cuando $l = 1$ no se puede concluir nada y se debe buscar otro criterio. Por ejemplo, si pensamos en las series $\displaystyle\sum_{n=1}^{\infty} \frac{1}{n}$ y $\displaystyle\sum_{n=1}^{\infty} \frac{1}{n^2}$, se obtiene que:

$$\lim_{n\to\infty} \sqrt[n]{\frac{1}{n}} = \lim_{n\to\infty} \sqrt[n]{\frac{1}{n^2}} = 1,$$

sin embargo, la primera es divergente y la segunda es convergente.

Ejemplo 4.4.14. Estudia la serie $\displaystyle\sum_{n=1}^{\infty} \frac{1}{(\ln(n))^n}$.

Solución. Tenemos que $a_n = \dfrac{1}{(\ln(n))^n}$, entonces

$$\lim_{n\to\infty} \sqrt[n]{a_n} = \lim_{n\to\infty} \sqrt[n]{\frac{1}{(\ln(n))^n}} = \lim_{n\to\infty} \frac{1}{\ln(n)} = 0 < 1.$$

Por lo tanto, por el Criterio 4.4.13, la seria $\displaystyle\sum_{n=1}^{\infty} \frac{1}{(\ln(n))^n}$ converge. $\qquad\square$

Criterio 4.4.15. *(Cociente o razón)*

Sea $\displaystyle\sum_{n=1}^{\infty} a_n$ una serie de términos positivos. Si $\displaystyle\lim_{n\to\infty} \frac{a_{n+1}}{a_n} = l$, entonces:

1. *Si $l < 1$ la serie converge.*

2. *Si $l > 1$ la serie diverge.*

Ejemplo 4.4.16. Estudia la convergencia de las siguientes series.

1. $\displaystyle\sum_{n=1}^{\infty} \frac{1}{n5^n}$.

2. $\displaystyle\sum_{n=1}^{\infty} \frac{1}{n!}$.

Solución. Aplicando el criterio 4.4.15 en cada serie obtenemos:

1.

$$\lim_{n\to\infty} \frac{a_{n+1}}{a_n} = \lim_{n\to\infty} \frac{\frac{1}{(n+1)5^{n+1}}}{\frac{1}{n5^n}} = \lim_{n\to\infty} \frac{n}{5(n+1)} = \frac{1}{5} < 1.$$

Por lo tanto, la serie $\sum_{n=1}^{\infty} \frac{1}{n5^n}$ converge.

2.

$$\lim_{n\to\infty} \frac{a_{n+1}}{a_n} = \lim_{n\to\infty} \frac{\frac{1}{(n+1)!}}{\frac{1}{n!}} = \lim_{n\to\infty} \frac{1}{n+1} = 0 < 1.$$

Por lo tanto, la serie $\sum_{n=1}^{\infty} \frac{1}{n!}$ converge.

$\square$

Es muy importante tener en cuenta que en el Criterio 4.4.15, cuando $l = 1$ no se puede concluir nada y se debe buscar otro criterio. Por ejemplo, si pensamos en las series $\sum_{n=1}^{\infty} \frac{1}{n}$ y $\sum_{n=1}^{\infty} \frac{1}{n^2}$, se obtiene que:

$$\lim_{n\to\infty} \frac{n}{n+1} = \lim_{n\to\infty} \frac{n^2}{(n+1)^2} = 1,$$

sin embargo, la primera es divergente y la segunda es convergente.

Criterio 4.4.17. *(Leibniz)*

Sea $\sum_{n=1}^{\infty} (-1)^n a_n$ una serie de términos alternados tal que:

1. $a_1 \geq a_2 \geq \cdots \geq 0$.

2. $\lim_{n\to\infty} a_n = 0$.

Entonces la serie $\sum_{n=1}^{\infty} (-1)^n a_n$ converge.

Ejemplo 4.4.18. Estudia la convergencia de la serie $\sum_{n=1}^{\infty} (-1)^n \frac{1}{n}$

Solución. Tenemos que $a_n = \dfrac{1}{n}$. Notemos que se cumple que

$$a_1 \geq a_2 \geq \cdots \geq 0$$

y

$$\lim_{n \to \infty} \frac{1}{n} = 0.$$

Por lo tanto, por el Criterio 4.4.17 la serie de términos alternos $\displaystyle\sum_{n=1}^{\infty} (-1)^n \frac{1}{n}$ converge. $\qquad\square$

4.4.3. Ejercicios

1. Verifica la divergencia de las siguientes series.

   a) $\dfrac{1}{2} + \dfrac{2}{3} + \dfrac{3}{4} + \cdots$

   b) $\displaystyle\sum_{n=1}^{\infty} \dfrac{3n}{n+1}$

   c) $\displaystyle\sum_{n=1}^{\infty} \left(\dfrac{4}{3}\right)^n$

   d) $\displaystyle\sum_{n=1}^{\infty} \dfrac{n}{2n+3}$

   e) $3 - \dfrac{9}{2} + \dfrac{27}{4} - \dfrac{81}{8} + \cdots$

   f) $\displaystyle\sum_{n=1}^{\infty} \dfrac{2^n + 1}{2^{n+1}}$

   g) $\displaystyle\sum_{n=1}^{\infty} \dfrac{n^2}{n^2 + 1}$

   h) $\displaystyle\sum_{n=1}^{\infty} \dfrac{n}{\sqrt{n^2 + 1}}$

2. Verifica la convergencia de las siguientes series.

   a) $2 + \dfrac{3}{2} + \dfrac{9}{8} + \dfrac{27}{32} + \cdots$

   b) $\displaystyle\sum_{n=1}^{\infty} (0.7)^n$

   c) $2 - 1 + \dfrac{1}{2} - \dfrac{1}{4} + \cdots$

   d) $\displaystyle\sum_{n=1}^{\infty} (-0.6)^n$

3. Pruebe que la serie $\displaystyle\sum_{n=1}^{\infty} (-1)^{n-1}$ diverge.

4. Para las siguientes series comprueba que convergen y determina la suma.

$$a)\ \sum_{n=1}^{\infty} \frac{1}{n(n+1)} \qquad\qquad b)\ \sum_{n=1}^{\infty} \frac{1}{(n+2)(n+3)}$$

5. Encuentra una fórmula para S_n y comprueba la convergencia o divergencia.

$$a)\ \sum_{n=1}^{\infty} \frac{1}{4n^2 - 1} \qquad\qquad c)\ \sum_{n=1}^{\infty} -\frac{1}{9n^2 + 3n - 1}$$

$$b)\ \sum_{n=1}^{\infty} \ln\left(\frac{n}{n+1}\right) \qquad\qquad d)\ \sum_{n=1}^{\infty} \frac{1}{\sqrt{n+1} + \sqrt{n}}$$

6. Determina si las siguientes series telescópicas convergen o divergen.

$$a)\ \sum_{n=1}^{\infty} \frac{1}{\sqrt{n+1} - \sqrt{n}} \qquad\qquad c)\ \sum_{n=2}^{\infty} \ln\left(\frac{n^2 - 1}{n^2}\right)$$

$$b)\ \sum_{n=1}^{\infty} \left(\sqrt{n+2} - 2\sqrt{n+1} + \sqrt{n}\right) \qquad\qquad d)\ \sum_{n=1}^{\infty} \tan^{-1}\left(\frac{2}{n^2}\right)$$

7. Aplica el criterio que consideres más conveniente para determinar si las siguientes series convergen o divergen.

$$a)\ \sum_{n=1}^{\infty} \frac{1}{\sqrt[n]{e}} \qquad\qquad d)\ \sum_{n=1}^{\infty} \ln\left(\frac{2n}{7n - 5}\right)$$

$$b)\ \sum_{n=1}^{\infty} \left(\frac{5}{n+2} - \frac{5}{n+3}\right) \qquad\qquad e)\ \sum_{n=1}^{\infty} \left(\left(\frac{3}{2}\right)^n + \left(\frac{2}{3}\right)^n\right)$$

$$c)\ \sum_{n=1}^{\infty} \frac{n}{\ln(n+1)}$$

8. Utiliza el criterio de series alternadas para determinar la convergencia o divergencia de las siguientes series.

$$a)\ \sum_{n=1}^{\infty} (-1)^{n+1} \frac{1}{n+2} \qquad\qquad c)\ \sum_{n=1}^{\infty} (-1)^{n+1} \left(\frac{1}{n} + \frac{1}{3^n}\right)$$

$$b)\ \sum_{n=1}^{\infty} (-1)^{n-1} \frac{1}{\sqrt{n}} \qquad\qquad d)\ \sum_{n=1}^{\infty} (-1)^n \frac{n+1}{4^n}$$

yes I want morebooks!

Buy your books fast and straightforward online - at one of world's fastest growing online book stores! Environmentally sound due to Print-on-Demand technologies.

Buy your books online at
www.morebooks.shop

¡Compre sus libros rápido y directo en internet, en una de las librerías en línea con mayor crecimiento en el mundo! Producción que protege el medio ambiente a través de las tecnologías de impresión bajo demanda.

Compre sus libros online en
www.morebooks.shop

KS OmniScriptum Publishing
Brivibas gatve 197
LV-1039 Riga, Latvia
Telefax: +371 686 204 55

info@omniscriptum.com
www.omniscriptum.com

Printed by Books on Demand GmbH, Norderstedt / Germany